35 000

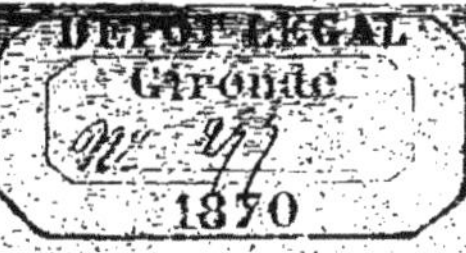
DÉPÔT LÉGAL
Gironde
N° 47
1870

ÉTUDES SUR LES TERRAINS TERTIAIRES DU S.-O. DE LA FRANCE.

BIBLIOTHÈQUE IMPÉRIALE

RECENSEMENT DES ÉCHINODERMES DU CALCAIRE A ASTÉRIES

(ÉTAGE TONGRIEN D'ORB.)

Par M. Raoul TOURNOUER,
Membre des Sociétés Géologique de France et Linnéenne de Bordeaux, etc

(Extrait des ACTES de la Société Linnéenne de Bordeaux, t. XXVII, 1870.)

BORDEAUX
Maison LAFARGUE
CODERC, DEGRÉTEAU ET POUJOL, SUCCESSEURS,
RUE DU PAS-SAINT-GEORGES, 28.

1870

S

RECENSEMENT DES ÉCHINODERMES

DE

L'ÉTAGE DU CALCAIRE A ASTÉRIES

DANS LE S.-O. DE LA FRANCE

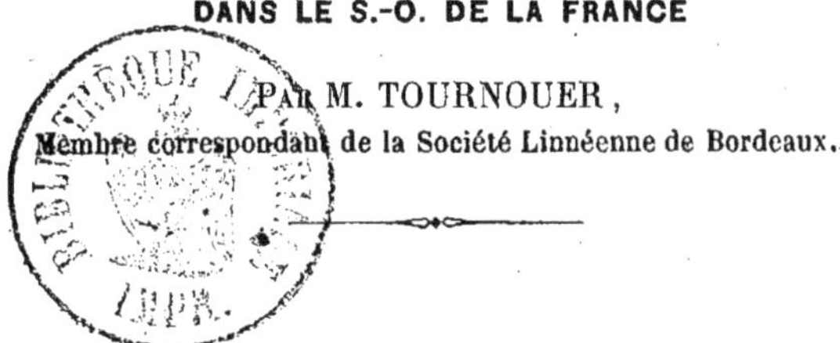
Par M. TOURNOUER,
Membre correspondant de la Société Linnéenne de Bordeaux.

La faune des Échinodermes qui doivent être rapportés à l'étage du « *calcaire à astéries* » des géologues bordelais (étage *tongrien* ou *miocène inférieur* des auteurs français, suisses ou italiens; *oligocène moyen* des auteurs allemands) est assez nombreuse. Mais, par suite sans doute de l'incertitude qui a longtemps régné sur les limites de l'étage même auquel elle appartient, elle a été presque complètement méconnue par les auteurs spéciaux, et sa reconstitution exige des recherches bibliographiques et une critique géologique disproportionnées, pour ainsi dire, avec son importance.

La première énumération des Échinodermes qui nous occupent doit être cherchée dans le mémoire de M. Dufrénoy *sur les terrains tertiaires du Midi de la France* (1836), et dans les listes de fossiles que M. Des Moulins a fournies à ce mémoire et qui ont été le point de départ de tous les travaux de paléontologie stratigraphique dont le bassin tertiaire de l'Aquitaine a été l'objet. Les Échinodermes qui se trouvent cités dès-lors par M. Des Moulins comme appartenant au calcaire à astéries, c'est-à-dire en tête des listes des « *fossiles du calcaire grossier de Saint-Macaire, Langon et Virelade* » loc. cit. page 28 et des « *fossiles reconnus à Terre-Nègre*, etc. » *ibid.* page 37, présentent un total de 14 espèces, dont les noms ont presque tous changé par suite des progrès de la nomenclature paléontologique, mais qui, déduction faite des 3 ou 4 doubles emplois que j'ai marqués d'un astérisque dans le tableau suivant, forment encore le fonds de la faune des Échinides caractéristiques de notre étage dans le S.-O. de la France. Les voici :

(C.)

Asterias lævis.	**Cassidulus nummulinus.*
Scutella bioculata.	— *porpita.*
— *subrotunda.*	*Echinus pusillus.*
* — *Faujasi.*	*Echinolampas oviformis.*
— *decemfissa.*	* — *ovalis.*
**Fibularia scutata.*	*Spatangus acuminatus.*
— *ovata.*	— *ornatus.*

Ces quatorze espèces se retrouvent d'ailleurs, même augmentées d'une quinzième (*Spat. columbaris*, Des M.) dans les Tableaux synonymiques de M. Des Moulins (3e mém. sur les Echin. 1837). En 1838, elles sont exactement reproduites, (moins *Scutella bioculata* et avec *Echinolampas affinis* en plus) par Grateloup, dans son Catalogue zoologique des fossiles de la Gironde, qui, d'ailleurs, confondant géologiquement sous le nom de *calcaire grossier inférieur*, les couches de Blaye et celles de Bordeaux, augmente la confusion qui s'était déjà glissée entre plusieurs espèces prétendues communes à ces deux niveaux fort différents.

Cette confusion est éclaircie au point de vue paléontologique, mais nullement au point de vue stratigraphique, par le Catalogue raisonné des Échinides de MM. Agassiz et Desor, 1846-1847, qui renouvelle presque complètement la nomenclature de M. Des Moulins.

En 1850, d'Orbigny, que les travaux récents de M. Delbos et de M. Raulin auraient dû mieux éclairer sur les limites véritables et sur l'extension de son étage Tongrien dans le S.-O., ajoute, dans son Prodrome, à cette confusion, en dispersant, d'une façon singulière, les Echinides du calcaire à astéries de M. Des Moulins entre ses trois principaux étages tertiaires : 3 espèces seulement restent dans son Falunien A ou Tongrien : *Runa decemfissa*, *Scutella striatula* et *Echinarachnius porpita*; 3 autres sont renvoyées au calcaire grossier ou Parisien A : *Echinolampas Blainvillei*, *Echinocyamus piriformis* et ? *Crenaster lævis*; et 3 autres enfin, comme nous le verrons, doivent être cherchées dans le Falunien B, savoir : *Hemiaster acuminatus*, *Hem. cor* et *Brissus dilatatus*. Cette classification si erronée a été déjà relevée en partie par M. Raulin, Bull. Soc. géol. de France, 1852, t. IX, page 409.

Mais, en 1855, le Synopsis de M. Desor est encore plus injuste que le Prodrome de d'Orbigny envers le miocène inférieur ou Tongrien ; car il ne porte au compte de cet étage qu'une seule espèce d'Echinide, et qui est une espèce douteuse de l'Allemagne du Nord (la *Scutella germanica*, Beyr.); toutes nos espèces françaises de ce niveau sont distribuées entre le calcaire grossier, pour la plus grande partie, et la molasse ou miocène pour les autres.

Enfin, en 1863, M. Raulin, dans un Tableau synoptique des Echinodermes fossiles du S.-O. de la France, qui a paru en appendice au mémoire de M. Cotteau sur les Échinides fossiles des Pyrénées (Congr. scient. de France, 28e session, 1863, t. IIIe) a restitué au calcaire à astéries, en adoptant la nomenclature de MM. Agassiz et Desor, les espèces suivantes, qui lui avaient été justement attribuées par M. Des Moulins, près de trente ans auparavant, savoir :

Crenaster lœvis.	*Echinolampas Blainvillei.*
Echinocyamus pyriformis.	*Brissus dilatatus.*
Runa decemfissa.	*Hemiaster acuminatus*
Scutellina porpita.	*Eupatagus ornatus.*
Scutella striatula.	

Ainsi, en 1863, les premières listes de 1836, de M. Des Moulins, loin d'être augmentées par quelques espèces nouvelles, se trouvaient même réduites par les résultats de la critique scientifique.

En 1864, M. Cotteau (Revue et magasin de zoologie, août 1864, *Échinides nouveaux ou peu connus*), à qui nous avions fourni quelques documents nouveaux, s'est occupé de trois espèces appartenant à notre faune : *Amphiope Agassizi*, *Cœlopleurus Delbosi*, *Cidaris attenuata ; nov. sp.*

Enfin, ici même, M. Cotteau vient de nous donner une dernière et intéressante addition à la faune des Échinides de notre étage dans la Gironde, dans le travail qui précède et qui a provoqué celui-ci.

En résumé, il m'a semblé qu'il serait utile maintenant de rassembler toutes ces indications éparses, et de faire le recensement critique de toutes les espèces d'Échinodermes qui appartiennent, dans le Sud-Ouest de la France, à un étage qui est maintenant bien défini, et qui tend à prendre une place de plus en plus importante dans la série des terrains tertiaires. J'ai donc soumis à une critique rigoureuse, tant au point de vue de la synonymie qu'à celui du gisement géologique, toutes les espèces déjà signalées, soit dans le calcaire à astéries de la Gironde, soit dans les couches synchroniques du bassin de l'Adour (1) ; et mes propres

(1) Pour celles-ci, le Mémoire de Grateloup sur les Oursins fossiles de Dax, 1836, contient quelques indications, mais mêlées à de telles erreurs, à une telle confusion d'espèces et de niveaux géologiques, qu'il est à-peu-près impossible d'en rien retirer d'utile pour notre sujet. On trouve aussi quelques citations d'espèces dans M. Delbos (Thèse, 1855, etc.), et dans M. Cotteau (Réunion extraord. de la Soc. Géologique à Bayonne, 8e C. 1866. Bull., t. XXIII, p. 841).

recherches et de nouveaux documents qui m'ont été fournis par mes collègues de Bordeaux, et en particulier par M. Ch. Des Moulins, avec une obligeance parfaite, m'ont même permis d'ajouter à ce catalogue quelques espèces ou variétés nouvelles. Grâce à la libéralité de la Société Linnéenne de Bordeaux, j'ai pu faire figurer non-seulement ces quelques espèces nouvelles, mais aussi plusieurs autres et des plus intéressantes de l'étage, qui, bien que connues depuis longtemps, n'avaient jamais été figurées; et même quelques types éocènes ou nummulitiques, dont la représentation m'a paru nécessaire à l'intelligence des espèces nouvelles.

La faune des Échinodermes du calcaire à astéries, telle qu'elle m'est connue aujourd'hui, se trouve ainsi complètement décrite et figurée, soit dans le présent travail, soit dans les publications précédentes auxquelles je renvoie. Elle forme à présent un total de plus de 20 espèces, qui constituent déjà une faune intéressante, et qui devra s'enrichir nécessairement encore par de nouvelles recherches.

CRENASTER LÆVIS Des Moulins

Asterias lævis, Des M., 1832, Act. Soc. Linn. Bordeaux, t. V, pl. 2, fig. 2; *Crenaster lævis*, D'Orb., Prodr. Parisien A? 1237.

Les osselets d'astéries, pour lesquels M. Des Moulins a créé l'espèce en 1832, sont tellement répandus dans les calcaires de l'étage qui nous occupe aux environs de Bordeaux, que M. de Collegno (*Essai d'une classification des terrains tertiaires de la Gironde*, 1843) en a tiré la dénomination de « calcaire à Astéries, » qui a été adoptée usuellement par tous les géologues de la région pour désigner cette assise. La présence constante de ce fossile avait servi, en effet, à M. de Collegno pour distinguer facilement les calcaires de Bourg sur la Gironde, des calcaires voisins, mais inférieurs, de Blaye, où il ne se rencontre pas. Au contraire, à partir de La Roque de Tau, où les couches du calcaire de Bourg reposent sur la formation d'eau douce de Blaye, jusqu'à Saint-Macaire et jusqu'à l'extrémité sud du département, dans les arrondissements de La Réole et de Meilhan, le *Crenaster lævis* abonde dans la roche calcaire.

Cette espèce est donc caractéristique de l'étage dans le bassin de la Gironde. Elle est au contraire bien moins répandue dans les couches correspondantes du bassin de l'Adour; cependant, elle se trouve assez communément à Gaas, dans les calcaires à *Nummulites Garansensis* de la carrière de Garanx.

Je ne la connais pas des bassins étrangers synchroniques. C'est par erreur que d'Orbigny l'a portée dans son étage Parisien A, où l'on ne trouve que le *Cren. poritoides*, Des M., sp.

PSAMMECHINUS BIARRITZENSIS Cotteau,

Congr. scient. de Bordeaux, 1863, pl. 1, fig. 5-9.

Syn. *Echinus pusillus* Des Moul., Tabl. syn., n° 56;
E. pusillus Gratel., Cat. zool. Gironde, n° 877.

Le *Psammech. Biarritzensis* appartient à la faune nummulitique de Biarritz, et à la base des couches à *Serpula spirulæa* du Goulet. C'est d'après des déterminations faites par M. Cotteau lui-même que nous rapportons à cette espèce un *Psammechinus* qui a été trouvé plusieurs fois par M. le docteur Blanchet, dans les calcaires à *Natica crassatina* de Lesperon près de Dax. J'ai trouvé moi-même dans les marnes de Gaas de petites baguettes extrêmement délicates et élégantes, qui ne peuvent convenir qu'à un petit cidaride comme celui-ci.

C'est probablement aussi à la même espèce que doit être rapporté l'*Echinus pusillus* (1) cité par M. Des Moulins *in* Dufrénoy, et Tabl. syn. *Echinus*, n° 56, et par Grateloup, Cat. zool. Gironde, n° 877, comme une espèce des calcaires de Langon et de Saint-Macaire. Je ne l'y ai pas encore trouvée. Quant à la citation faite antérieurement par Grateloup (*Oursins fossiles*, 1836) de l'espèce aux environs de Dax, « dans les faluns bleus des dépôts de Clermont et de Garrey, » je pense, à cause du gisement, qu'elle doit être exclue, comme se rapportant à une espèce des faluns supérieurs probablement différente de celle du calcaire à astéries, ou à quelque *Arbacia* miocène. Je n'ai pas pu cependant m'assurer de mes doutes à cet égard.

Le *Psammechinus Biarritzensis* appartient donc certainement, d'après M. Cotteau, à l'oligocène du bassin de l'Adour, et peut-être à celui de la Garonne.

Dans les bassins étrangers il est cité par M. G. Laube (*Echinoderm. d. Vicentinischen tertiærgebietes.* Wien, 1868), dans les couches à Échinides

(1) Non *Echinus pusillus*, Münst. *in* Goldf, qui est une espèce crétacée, aujourd'hui *Glyphocyphus radiatus*, Desor).

de Montecchio-Maggiore, que je considère comme synchroniques du calcaire à astéries, et dans les couches plus anciennes de Vito di Brendola. M. Cotteau a remarqué, cependant, sur les échantillons de Montecchio, quelques légères différences dans la structure du péristome.

Je ne connais pas le *Diadema pusillum* de d'Orbigny, Prodr. Parisien A? 1234. Loc. Astrupp, près Osnabrück, qui, d'après cette indication de localité, doit appartenir à un horizon supérieur à celui du calcaire à astéries.

(Coll. Blanchet. — Coll. Cotteau.)

CŒLOPLEURUS DELBOSI Desor,

(Pl. XV, fig. 1, *a*, *b*, *c*.)

Synops., p. 98, 1857. — Cotteau, Rev. et Mag. zool., 1864, pl. XIV, fig. 6-10.

M. Desor a créé cette espèce pour un *Cœlopleurus* du terrain nummulitique de Saint-Palais, près de Royan, à l'embouchure de la Gironde, que M. D'Archiac avait distingué seulement comme une variété *a* de son *Cœlopleurus Agassizi* de Biarritz. Postérieurement, M. Cotteau (Revue et Magasin de zoologie, août 1864, p. 105, pl. XIV, fig. 6-10) a décrit et figuré sous ce nom un *Cœlopleurus* de ma collection, qui avait été recueilli par feu E. Banon dans le calcaire à astéries de Quinsac, près de Bordeaux. Depuis cette publication, j'ai retrouvé moi-même cette espèce intéressante en place, à La Roque de Tau, dans les couches inférieures de la formation; M. Linder en a recueilli, de son côté, un assez grand nombre d'exemplaires dans les calcaires de Cambes, près de Quinsac; et enfin M. Arnaud l'a trouvé, avec une certaine abondance, à Saint-Michel, près de Libourne. C'est donc un *Cœlopleurus*, c'est-à-dire un Échinoderme d'un genre considéré jusqu'à présent comme caractérisant le terrain tertiaire inférieur, bien acquis à la faune du calcaire à astéries de la Gironde.

L'assimilation que M. Cotteau n'hésite pas à en faire avec l'espèce nummulitique de Saint-Palais, le rend plus intéressant encore, puisque ce serait, avec le *Psammech. Biarritzensis*, une seconde espèce de la faune éocène qui se serait perpétuée jusqu'ici. Je remarquerai cependant que le type de Saint-Palais, que je ne possède pas d'ailleurs, est parfaitement circulaire, d'après la description et la figure qu'en a données M. d'Archiac (Mém. Soc. géol. de France, 2ᵉ série, t. III, p. 421, pl. X, fig. 15 *b*). Celui du calcaire à astéries, au contraire, a une tendance marquée à la forme allongée et pentagonale, qui est même tout-à-fait accentuée dans certains exemplaires, et qui passe à l'état de forte variété dans un bel individu de Saint-Michel que je fais figurer, pl. XV, fig. 1; et qui se distingue d'ailleurs encore du type de Saint-Palais par le nombre de ses tubercules, etc. Les dimensions de l'espèce sont aussi un peu plus fortes que celles qui ont été données par M. Cotteau, *loc. cit.*

M. Laube a figuré, *loc. cit.*, pl. I, fig. 7, *a*, *b*, sous le nom de *Cœlopl. Agassizi*, une petite espèce provenant de Mossano, qui, par sa forme et ses tubercules ambulacraires s'élevant jusqu'au sommet, paraît appartenir plutôt au *Cœleopl. Delbosi* qu'au type de Biarritz.

(Coll. Fac. Sc. de Bordeaux. — Coll. Cotteau. — Coll. Linder. — Ma collection.)

CIDARIS ATTENUATA Cotteau,

Rev. et Mag. de zoologie, 1864, pl. XIV, fig. 12-13.

J'ai recueilli deux radioles de cette espèce dans les marnes inférieures de Lesbarritz (Gaas) à *Strombus auricularius* Grat.

M. Michelotti a décrit et figuré les radioles de plusieurs *Cidaris* nouveaux du miocène inférieur de l'Italie septentrionale, entre autres ceux d'un *Cidaris Gastaldii* (Études sur le miocène inférieur de l'Italie septentrionale, Harlem 1861, p. 26, pl. 2, fig. 3-4.), qui offrent des séries de granulations très-rapprochées, comme les radioles du *Cidaris* de Gaas. Ne possédant pas l'espèce italienne, je n'ai pas pu m'assurer, par une comparaison directe des objets, si le *Cid. attenuata* ne devait pas être rapproché du *Cid. Gastaldii*, qui aurait la priorité.

Dans le Vicentin, les couches oligocènes de Monte Mezzo ont fourni à M. Laube un beau Cidaris (*C. Mezzoana* Laube), qu'il a décrit et figuré, mais les radioles n'en sont pas connus.

(Ma collection.)

ECHINOCYAMUS PIRIFORMIS Agassiz.

(Pl. XV, fig. 2 *a*, *b*, *c*, *d*, *e*, *f*, *g*, *h*, *i*, *j*.)

Syn. — *Echinoneus ovatus* Grateloup, Ours. foss. Dax, 1836.
— *placenta?* *id.* *ibid.*
Fibularia scutata, Des Moulins, *in* Dufrénoy; *id.* Tabl. syn. *pro parte.*
— *ovata*, Des Moulins, *in* Dufrénoy; *id.* Tabl. syn. *pro parte.*

Fibularia scutata, Gratel., Cat. zool. Girond., n° 866, *pro parte.*
— *ovata*, Grat., Cat. zool. Girond., n° 867, *pro parte.*
Echinocyamus pyriformis (*sic*) Agass., Cat. syst., p. 6. — *Id.* Monog. Scut., p. 131, pl. 27, fig. 19-24, *optimè.*
— *piriformis* (*sic*) Bronn., *Index palæont.*
— *pyriformis* d'Orbigny, Prodr. Et. Paris. A, 1219.
— — Desor, *Synopsis*, Tab. XXVIII, fig. 6-10.
— — Raulin, Congr. Sc. Bordeaux, 1863.

Espèce créée par M. Agassiz, décrite et très-bien figurée par lui d'abord, et ensuite par M. Desor. J'ajouterai seulement à la description du *Synopsis* que les pétales sont parfaitement distincts dans quelques échantillons, où ils se montrent composés de pores nombreux, non conjugués et largement ouverts à leur extrémité. Le type atteint à Bordeaux une longueur de 13 ou 14 millimètres, sur une largeur de 11 au côté postérieur.

Extrêmement répandue dans le calcaire à astéries de la Gironde, où elle abonde dans certaines couches avec le *Crenaster lævis*, cette espèce se trouve aussi dans le bassin de l'Adour, où elle a été citée par Grateloup (Ours. foss. de Dax), sans indication précise de localité et par M. Delbos (Thèse, 1847). Je l'ai recueillie moi-même, assez rarement, il est vrai, dans les carrières de Lesperon, près de Dax, et dans celle de Garanx à Gaas; mais, elle est commune et très-bien conservée près de Montfort, dans les carrières du même étage, à Lahosse et à Lourquen, avec le *Nummulites intermedia*. Elle n'atteint pas non plus dans le bassin de l'Adour d'aussi grandes dimensions que près de Bordeaux.

Cette espèce varie beaucoup non-seulement par la taille, mais encore par la forme générale. Le type de Bordeaux (pl. XV, fig. 2, *a*, *b*, *c*.), grand, dilaté en arrière en forme de poire, peu renflé en-dessus, très-généralement concave en dessous, passe, par de nombreux intermédiaires, à deux variétés principales :

Var. A. — Ovale et plus renflée (pl. XV, fig. 2 *d*, *e*). C'est la *Fibularia ovata* de Des Moul., non *Echinoneus ovatus* de Münster *in* Goldfuss, qui est commun en Allemagne dans les couches de Bünde et de Cassel, et qui se distingue de l'espèce française par sa très-petite taille (ne dépassant pas 4 ou 5 millimètres), sa forme très-convexe en dessus et plate, sinon même légèrement convexe en dessous, etc.

Var. B. — Sensiblement pentagonale et plutôt rétrécie au côté postérieur, de manière à s'éloigner tout-à-fait du type piriforme (pl. XV, fig. 2, *f, g, h.*) *an Fibul. scutata* Des Moul. ? NON *Echin. scutatus* Münst. *sec.* Agassiz.

Ces variations de forme, toutes grandes qu'elles soient, ne me paraissent pas cependant, à cause des passages qui les relient entr' elles, pouvoir constituer autre chose que des variétés d'un même type spécifique représenté par des individus extrêmement nombreux. Des variations tout-à-fait analogues s'observent d'ailleurs dans l'*Echinocyamus affinis* Des Moul., espèce très-voisine, du calcaire éocène de Blaye (pl. XV, fig. 3), et dans l'*Echinocyamus angulosus* vivant, des mers européennes actuelles, dont, au témoignage de MM. Agassiz et Desor, il est très-difficile de distinguer extérieurement l'*E. piriformis.*

Le caractère le plus constant de l'espèce doit se chercher dans la position de l'anus qui, dans le *piriformis,* est situé à-peu-près à égale distance du bord et du péristome, tandis qu'il est beaucoup plus marginal dans l'*affinis.* Et encore, ce caractère n'est-il pas aussi invariable qu'on le désirerait. J'ai recueilli, en effet, dans le terrain nummulitique de Gibret (Landes), un Echinocyame que je rapporte à l'*affinis*, quoique le périprocte soit moins marginal que dans le type de Blaye (M. Linder m'a communiqué un autre échantillon semblable, provenant du sondage de Château-Margaux). Et à l'inverse, j'ai trouvé à Gaas un Echinocyame, dont l'anus est sensiblement plus rapproché du bord que dans le type bordelais du *piriformis*, dont, cependant, je ne crois pas pouvoir le séparer. Ce caractère de la position de l'anus est donc quelquefois lui-même incertain ; mais dans la très-grande majorité des cas, il suffit très-bien à distinguer l'espèce éocène de l'espèce oligocène. L'une faisant suite à l'autre dans le temps, je ne m'étonne pas, pour ma part, que quelques individus de l'une ou de l'autre aient un caractère ambigu.

L'*Echinocyamus piriformis* n'est pas cité par M. Laube dans les Echinodermes du Vicentin. Cependant, j'ai reçu des couches oligocènes de la Trinità di Montecchio-Maggiore deux Echinocyames qui me paraissent rentrer facilement, l'un dans le type, l'autre dans la *var*. B de l'*E. piriformis.*

Ce type, tel que l'a défini M. Agassiz, si commun et si caractéristique dans les calcaires oligocènes du S.-O. de la France, existe-t-il déjà dans les couches éocènes? Pour ce qui est du bassin de la Gironde, d'abord, et quant à la double indication donnée par MM. Des Moulins et Grateloup (*loc. cit.*) de la présence des *Fibularia scutata* et *ovata* dans le calcaire de Blaye, elle doit être exclue comme se rapportant actuellement au *Sismondia occitana* Ag. des couches de Saint-Estèphe. Mais l'*E. piriformis* ne se trouve-t-il pas dans l'éocène du bassin de Paris? L'histoire de cette espèce est très-embrouillée ;

En 1841, Agassiz crée l'*Ech. pyriformis* pour une espèce « *qui est très-fréquente dans le terrain tertiaire de Grignon*, et qui pourrait bien être l'*Echinocyamus inflatus* de M. Defrance qu'il ne connaît pas. S'il en était ainsi, dit-il, le nom d'*Ech. pyriformis* devrait être remplacé par celui d'*E. inflatus.* » (Ag., monogr. Scut., pag. 131.)

En 1847, dans le Catalogue raisonné de MM. Agassiz et Desor, on retrouve, en effet, l'*E. inflatus* Defrance, pour une espèce de Grignon, Damery et Parnes. Mais le *pyriformis* est maintenu pour une autre espèce qui est indiquée à Cannel, Montmirail, Cotentin, Orglande, Bordeaux.

Cette distinction et ces indications de gisements sont ensuite reproduites par le Prodrome de d'Orbigny, qui range même les deux espèces dans son Parisien A ou calcaire grossier, n°s 1,219, 1,220; et par le *Synopsis* de M. Desor, 1855, qui y ajoute l'indication des sables tertiaires de Bruxelles, en faisant passer l'*Echinocyam. propinquus* Galeotti et Forbes, en synonymie du *pyriformis.*

Malgré toutes ces indications et toutes ces citations auxquelles il faudrait ajouter encore celle de M. d'Archiac, qui dit incidemment (Mém. Soc. géol. de France, 2e série, t. III, page 422, 1850) « qu'il a trouvé l'*E. piriformis* Ag. dans les sables inférieurs de Cassel (Nord) et dans le calcaire grossier de Paris et du Cotentin ; » je dois dire que je doute encore que l'*E. piriformis* de Bordeaux se retrouve dans le calcaire grossier du bassin anglo-parisien. Ce qui est singulier, c'est que la première figure donnée, en 1841, par M. Agassiz pour cette espèce « si commune à Grignon, » convient parfaitement aux types de la Dordogne et de la Garonne, et ce qui me paraît certain cependant, c'est que cette forme est au moins très-rare dans le calcaire grossier. Cest tout au plus si j'y ai vu un ou deux individus du bassin de Paris pouvant se rapporter à l'espèce Bordelaise et non pas encore au type piriforme, mais à la *var.* B pentagonale très-accentuée, comme l'échantillon que je fais figurer (pl. XV, fig. 2, *i*, *j*), et qui a été trouvé près de Vaugirard.

Cependant, je ne puis pas récuser le témoignage répété des auteurs mêmes de l'espèce, et c'est sur la foi de ces savants que j'inscrirai l'*Echinocyam. piriformis* au nombre des espèces qui sont communes à l'éocène et à l'oligocène.

Quant aux gisements appartenant aux terrains miocènes de l'Allemagne qui sont cités par M. Des Moulins, aux articles *Fibularia scutata* et *F. ovata* de ses Tableaux synonymiques, j'ai dit plus haut qu'ils devaient s'entendre d'une espèce qui ne peut pas être confondue avec le *piriformis*, et c'est peut-être aussi à cet *E. ovatus* des couches de Bünde et de Cassel qu'il faut rapporter l'indication que je trouve dans Grateloup, Catal. zool. Gir. n° 867, d'une variété *a* de la *Fibularia ovata* dans le falun supérieur de Salles, près de Bordeaux.

En résumé, l'*Echinocyamus piriformis* appartient à un type polymorphe qui se poursuit dans le terrain éocène, oligocène, miocène, pliocène et jusque daus les mers européennes actuelles avec des modifications souvent peu sensibles, et qui soulève plusieurs questions de synonymie et de gisement sur lesquelles je ne suis pas complètement éclairé et qui nécessiteraient une monographie spéciale. Ce qu'il y a de plus certain, c'est que l'*Ech. piriformis* tel qu'il est décrit et parfaitement figuré dans son type par MM. Agassiz et Desor est tout-à-fait caractéristique du calcaire à astéries, c'est-à-dire des couches tongriennes ou oligocènes du sud-ouest de la France, sur les bords de la Dordogne, de la Garonne et de l'Adour, et que c'est à tort que d'Orbigny et M. Desor ne l'ont pas inscrit à ce titre dans l'étage Tongrien.

Je pense qu'il se retrouve au même niveau dans le Vicentin. Je doute qu'il se trouve plus bas ou plus haut, et je suis frappé comme MM. Agassiz et Desor de son analogie avec les espèces vivantes de nos mers, tout en n'admettant pas qu'il y ait identité.

RUNA DECEMFISSA Des Moulins.

(Pl. XV, fig. 4, *a*, *b*. *c*.)

Scutella decemfissa Des Moul. in Dufrénoy. — Tabl. syn. 22.
— Grateloup, Cat. zool. Gir., 863 (*exclude* Blaye).
Runa decemfissa Agass., Cat. 1847, p. 81. — Monog. Scut., p. 32.
— Bronn, Index palæont.
— D'Orbigny, Prodr. Etag., 26 A, 297.
— Desor, Synopsis, p. 221.
— Raulin, Congr. scient. 1863.

Nous devons à l'obligeance de M. Des Moulins de pouvoir faire figurer cette charmante petite espèce d'après un dessin qui a été exécuté sur l'original même qui existe dans son cabinet, et qui avait été trouvé par Jouannet, à Terre-Nègre, dans Bordeaux. Il a bien voulu nous donner, en outre, une diagnose précise de l'espèce, que nous transcrivons ici, « *textuellement* reproduite d'après la description latine et les notes françaises écrites par M. Des Moulins en 1829. Il les destinait alors, ainsi que celles relatives à toutes les Échinides de la Gironde, aux *Actes de la Société Linnéenne;* mais la publication des grands travaux de *réformation* de M. Agassiz le détermina à ajourner indéfiniment la sienne, et il se borna à donner au public, en 1835 et 1837, ses trois mémoires de *Généralités*. Dans ces manuscrits de 1829, comme dans les *Tableaux synonymiques* de 1837, l'espèce en question porte le nom de *Scutella decemfissa*. :

» SCUTELLA DECEMFISSA Nob.

» *Testâ minutissimâ, ovali, convexâ, posticè sub-dilatatâ, margine crasso, decemlobato. Lobis quinque, ambulacriferis latis, ad marginem dilatatis ibique medio emarginatis; lobis quinque angustis simplicibus interambulacrariis, anali breviore. Ambulacra quinque, elegantissimè punctis bifariis prominulis exornata, versùs marginem aperta. Apex dorsalis tuberculis sex, uno medio, instructus. Pori genitales incogniti. Os maximum, rotundum. Anus transversus, parvus, ori vicinus, ad basin lobi analis positus.*

» Longueur du plus grand individu, 4 millim.; largeur, 3 millim.

» Longueur du plus petit individu, 2 millim.

» HAB. Fossile du falun de Terre-Nègre, à Bordeaux, où M. Jouannet l'a découvert. Les deux seuls individus connus jusqu'à ce jour ont été trouvés par lui, dans le falun pulvérulent qui remplit la bouche des grosses coquilles, et existent dans son cabinet.

» Cette petite Échinide est la plus élégante que je connaisse. Son épaisseur semble la rapprocher des Clypéastres, mais son orifice anal, situé plus près de la bouche que du bord, et les digitations de son contour, me déterminent à la classer parmi les Scutelles, d'autant que la circonscription de ce genre, telle que M. de Blainville l'a établie, permet d'y recevoir des espèces bombées et dont le bord n'est pas précisément tranchant.

» Les points d'attache des épines ont échappé à ma loupe. La superficie (hors les ambulacres), m'a paru lisse; mais on voit que sous cette première couche il y a un joli parquetage. Dans le petit individu, sans doute plus jeune, les lobes sont plus écartés et moins élargis au sommet.

Les sinus que forment les bases des lobes sont arrondis et évidés à la surface supérieure de l'Échinide. A la surface inférieure, au contraire, on ne voit que dix sillons qui aboutissent près de la bouche (1).

» CH. DES MOULINS. »

Quant à la place que ce type curieux doit occuper dans la série, nous renvoyons à ce qu'en dit M. Desor dans le *Synopsis*, p. 221. Nous pensons, comme lui, et par les mêmes raisons, que c'est plutôt près des *Lenita* ou des *Echinocyamus*, que près des Scutelles digitées (*Rotula* et *Mellita*) qu'il doit se ranger; mais le type n'en est pas moins intéressant.

RUNA COMPTONI AGASSIZ.

(Pl. XV, fig. 5 *a*, *b*, *c*.)

Runa Comptoni Ag., Mon. des Scutelles (1841), n° I, p. 32, pl. 11, fig. 11-19.
— Ag. et Desor, Cat. rais. (1847), p. 81.
— Bronn, Index palæont. (1848).
— D'Orbigny, Prodr. (1852), Étage 27e, n° 456.
— Pictet, Traité de Paléont. (1857), p. 223.
— Desor, Synopsis (1858), p. 221, pl. 27, fig. 17-19.

C'est sur la foi et sous l'autorité de notre savant maître M. Des Moulins, que j'inscris cette seconde espèce de *Runa* dans la faune du calcaire à astéries, dont elle forme assurément une des plus curieuses acquisitions. Mon travail était, en effet, terminé lorsque la découverte, qui en avait été faite récemment à Bordeaux, me fut communiquée par M. Des Moulins, à qui revient de droit le soin de la signaler, comme il avait signalé, il y a plus de 30 ans déjà, le *Runa decemfissa*, trouvé par un singulier hasard dans le même quartier de la même ville. Je transcris donc ici la

---

(1) *Le plus grand* des deux individus est demeuré dans la collection de Jouannet jusqu'à sa mort, et, sans nul doute, son intention a été de le laisser, avec le reste de ses fossiles, au Musée de Bordeaux. Il a disparu depuis longues années, et le directeur actuel du Musée, M. le Dr Souverbie, ne l'a jamais vu. Heureusement, mon vénérable et généreux ami m'avait, de son vivant (en janvier 1838), donné *le plus petit* individu, et c'est, encore aujourd'hui, LE SEUL qui soit connu dans les collections.

(*Note de M.* CHARLES DES MOULINS, *ajoutée pendant l'impression.*)

note qu'il m'a envoyée au sujet de cette découverte, et qu'il m'a permis d'introduire dans le texte de mon mémoire :

« Runa Comptoni Agass., *loc. cit.* — Cette petite espèce est de forme subcirculaire ou plutôt ovoïde, plus longue que large et médiocrement renflée; la hauteur, qui égale à-peu-près les deux tiers de la longueur, présente une déclivité très-uniforme du sommet vers les bords, qui sont très-épais. Les aires interambulacraires sont très-étroites; elles n'ont que la moitié de la largeur des aires ambulacraires, comme on le voit surtout bien à la face inférieure, où la séparation des aires est très-distincte. Les zones porifères des ambulacres ne sont visibles à la face supérieure que jusqu'à mi-bord, où elles disparaissent en divergeant. Les entailles qui séparent les aires ambulacraires des aires interambulacraires sont profondes; elles s'étendent au-delà du tiers de la distance entre le bord et le sommet. La bouche, de forme elliptique, est située dans une dépression au centre de la face inférieure. L'anus, sensiblement plus petit que la bouche, est circulaire et plus rapproché du bord postérieur que de l'ouverture buccale. Je n'ai pu reconnaître la disposition des tubercules, la surface du test étant trop altérée. La rosette apiciale contient quatre pores génitaux. Les pores ocellaires, placés au sommet des pétales, sont excessivement petits.

» J'ai représenté de grandeur naturelle (fig. 11-13 et 14-15) les deux seuls exemplaires que je possède, et dont l'un (fig. 14) paraît être un jeune. Les fig. 17-19 représentent l'individu de fig. 11 grossi, afin de faire voir les détails du test. L'apparence écailleuse de la face inférieure (fig. 18) provient de ce que les plaques du test sont rongées près des bords articulaires, ce qui les fait paraître saillantes au milieu.

» Cette espèce a été découverte dans le terrain tertiaire des environs de Palerme, par M. le marquis de Northampton, président de la Société royale de Londres, auquel je me suis fait un plaisir de la dédier

» Agassiz.

» Longueur, 4 millim. 1/2; largeur, 4 millim.; épaisseur, 1 millim. 1/2.

» Hab. — Fossile de Bordeaux, dans les limites de l'octroi, individu unique, recueilli le 7 novembre 1868 par M. E. Benoist, membre de la Société Linnéenne, qui a bien voulu en enrichir ma collection, dans une tranchée de la rue de la Chartreuse, près de l'ancien Jardin-des-Plantes. Cette tranchée, ouverte pour l'établissement du système des grands égoûts collecteurs, attaque le niveau du *Falun de Terre-Nègre*, qui s'étend sous tout l'emplacement de l'ancien Jardin-des-Plantes et de l'ancienne Pépinière départementale (*Crassatella tumida*, *Delphinula scobina*, etc.), et qui appartient par conséquent à l'étage *miocène* dit calcaire à astéries (que MM. Agassiz et Desor rangeaient en 1847, [voir le *Cat. rais.*, p. 147], dans le terrain nummulitique).

» Lorsque M. Benoist m'apporta l'échantillon, je le déterminai à première vue ; mais, un peu encroûté dans sa gangue marneuse, il lui fallut le nettoyer pour pouvoir le dessiner au microscope, comme il l'avait fait pour mon échantillon de *R. decemfissa*. Cette opération a dû nécessairement contribuer à en détacher les derniers frustules de test qui pouvaient y subsister encore, et dont un seul a pu être observé. Je n'ai donc pu tenter de donner, de cet échantillon, une description plus détaillée que celle de M. Agassiz; je me suis borné à la reproduire textuellement.

» Quant à l'élégante figure dessinée par M. Benoist, *elle était légèrement restaurée* à l'aide du peu de traces du test qu'il avait pu apercevoir, et il a été jugé préférable de s'en tenir au réalisme rigoureux et plus pauvre de notre exemplaire unique. M. Lackerbauer a donc été prié d'en faire, au microscope, une nouvelle figure, et c'est celle que nous publions.

» Le *Runa Comptoni*, trouvé à Bordeaux dans le Falun de Terre-Nègre, c'est-à-dire dans le calcaire à astéries (*miocène*), n'est connu de MM. Agassiz et Desor que dans le *pliocène* de Sicile (Cat. rais., p. 145); mais il a tout l'aspect, la consistance et l'*habitus* des fossiles du calcaire à astéries, et ni moi, ni ceux de nos collègues qui recueillent très-habituellement des fossiles de ce dernier étage, ne conservons de doute sur ce gisement.

» Quant à ce qui concerne la détermination spécifique, c'est moi seul qui l'ai faite et qui dois en porter la responsabilité, que ne récusent pas, d'ailleurs, les honorables collègues dont je viens de parler. Ils n'ignorent pas plus que moi que la certitude ne peut guère être considérée comme *absolue*, lorsqu'on n'a, comme nous, sous les yeux — et en l'absence des deux seuls échantillons prototypes *palermitains* que possède le *Musée Agassizien* —, lorsqu'on n'a, dis-je, sous les yeux, qu'UN individu d'une espèce si petite, et que cet échantillon, dont on ne peut voir l'intérieur, a été trouvé presque entièrement dépouillé de son test. En adoptant le nom *Comptoni*, nous n'agissons donc qu'en vertu d'une quasi-certitude *morale*, basée sur les figures données de ce fossile par MM. Agassiz et Desor.

» CHARLES DES MOULINS. »

Une fois le gisement admis sur le témoignage des géologues bordelais, je pense, comme M. Des Moulins, quant à la question d'espèce, que si l'identification qu'il propose de ce *Runa* de Terre-Nègre avec le *Runa Comptoni* pliocène de Palerme, n'a pas les caractères d'une certitude absolue, cette identification est du moins parfaitement admissible en l'état défectueux de l'échantillon unique dont on dispose, et qui a d'ailleurs été représenté dans sa réalité, pl. XV, fig. 5. Jusqu'à preuve du contraire, il faut donc admettre que nous avons ici l'exemple d'une espèce d'Échinide de l'oligocène ayant prolongé son existence jusque dans le terrain tertiaire supérieur d'après M. Agassiz, ou peut-être même dans le terrain quaternaire, d'après M. Pictet. En tout cas, c'est un fait intéressant que ce petit genre, si particulier, des *Runa* soit représenté dans le calcaire à astéries, où il apparaît pour la première fois, par les deux seules espèces qui le composent jusqu'à présent, ou par deux espèces sur trois, s'il vient plus tard à être démontré que les deux espèces de Bordeaux sont l'une et l'autre distinctes du *Runa Comptoni*.

SCUTELLA STRIATULA Marcel de Serres?

Scutella striatula, Agassiz, Scut. p. 81, pl. XVIII, fig. 1-5, *optimè!*

La description et la figure données par M. Agassiz, auxquelles je renvoie, se rapportent incontestablement à une Scutelle très-répandue dans le calcaire à astéries, et qui avait été d'abord confondue, par M. Des Moulins, *in* Dufrénoy, et par Grateloup (Oursins foss. de Dax, 1836), avec la *Scutella subrotûnda* Lk. des faluns de Léognan. Elle en a été séparée sous le nom de *Sc. striatula* par le Prodrome d'Agassiz, et cette distinction a été acceptée par M. Des Moulins, Tabl. syn. 24, 25, et par Grateloup dans son Catalogue zoologique de la Gironde, 1838, nº 859. Postérieurement, M. Agassiz a fixé tout-à-fait l'espèce en en donnant une très-bonne description et une excellente figure dans sa monographie des Scutelles ci-dessus citée, à laquelle se sont successivement référés le Prodrome de d'Orbigny, le *Synopsis* de M. Desor et tous les autres auteurs.

Rapports et différences. — Cette espèce est intermédiaire par tous ses caractères comme par sa position stratigraphique entre la *Sc. subetragona* de Biarritz (v. Cotteau, Ech. Pyr., 1863, pl. III, fig. 4) et la *Sc. subrotunda* bien connue des faluns de Léognan. Elle se rapproche davantage de la première par sa taille, qui est presque la même ; par sa forme générale qui est moins anguleuse, il est vrai, que dans le type nummulitique, mais qui est plus sinueuse, plus rétrécie en arrière, plus rostrée que dans le type falunien *subrotunda*, et par la petitesse proportionnelle de ses ambulacres qui sont bien moins grands que dans celui-ci, à taille égale.

Cette espèce est très-répandue dans tout le calcaire à astéries de la Gironde, depuis La Roque-de-Tau (couches supérieures) jusqu'à Saint-Macaire, La Réole et Meilhan ; mais je ne l'ai pas encore vue du bassin de l'Adour.

En dehors du sud-ouest de la France, elle a été citée par le Catalog. raisonné de MM. Agassiz et Desor dans le tertiaire moyen de *Belleville près de Paris*, et cette citation a été reproduite ainsi par d'Orbigny : (Prodr. Falunien *A*, n° 298, et Cours élém. de Paléont., p. 773). L'extension de notre espèce dans les marnes à *Ostrea longirostris* qui forment la base du miocène inférieur des environs de Paris serait un fait intéressant à constater au point de vue de la paléontologie stratigraphique. Malheureusement, j'ignore dans quelle collection se trouvent ces échantillons de Belleville, et je n'ai pas d'autre témoignage à fournir en faveur de ce fait, que les indications bibliographiques que je viens de donner (1).

La *Sc. striatula* n'est pas citée par M. Laube dans le Vicentin. Cependant, il fait remarquer lui-même que la *Scutella tenera*, nov. spec. a beaucoup de rapports avec la *Sc. striatula* par sa taille et par la petitesse des ambulacres, etc. Cette Scutelle provient d'ailleurs des couches

(1) Des renseignements qui me sont communiqués par M. Des Moulins semblent devoir éclairer singulièrement cette petite question : M. Des Moulins a en effet l'obligeance de m'écrire qu'il possède dans sa collection un échantillon de *Sc. striatula* recueilli en 1837 à *Belleville, dans l'enceinte de Bordeaux*, quartier voisin de celui de Terre-Nègre. Il est plus que probable qu'il aura indiqué cette localité dans sa correspondance avec MM. Agassiz et Desor qui l'ont mentionnée en tête des localités girondines citées par eux : « Belleville, Terre-Nègre, Combes (*sic*) Baurech, etc. » L'indication de Belleville *près Paris* donnée ensuite par d'Orbigny n'est donc très-probablement qu'une fausse interprétation de ce Belleville-*Bordeaux*, et une erreur tout-à-fait semblable à celle qui lui fait prendre, selon moi, Bourg-*en-Bresse* pour Bourg-*sur-Gironde*, comme je l'ai dit à l'occasion de l'*Hemiaster cor*. C'est la conviction personnelle de M. Des Moulins, et c'est aussi la mienne. (*Note ajoutée pendant l'impression*).

BIBLIOTHÈQUE IMPÉRIALE IMPR.

de Gnata di Salcedo, que je crois sur un horizon géologique très-rapproché de celui de notre calcaire à astéries.

Mais la question la plns intéressante est de savoir si la *Scutella striatula* se trouve dans le miocène, à un niveau plus élevé que celui du calcaire à astéries. A ne consulter que les auteurs, cela semble certain, puisque Marcel de Serres a établi cette espèce pour une variété de la *Scutella subrotunda* Lk. du *calcaire moëllon de Montpellier*, qui appartient incontestablement à l'étage miocène ou falunien proprement dit.

De son côté, Grateloup (Oursins foss. de Dax), cite la Scutelle qu'il figurait planche I, fig. 1, et qui est devenue pour lui exclusivement la *Sc. striatula* dans son Catal. zool. de la Gironde, non-seulement « du calcaire marin grossier des environs de Bordeaux, » mais de tous les faluns jaunes possibles de l'Aquitaine, de la Touraine, de l'Anjou, du Dauphiné, du Languedoc et de Malte! — M. Desor cite également la *Scut. striatula*, non-seulement du miocène inférieur de France, mais de Malte, en se référant aux figures d'Andrea et de Leske.

Je crains qu'il n'y ait ici quelque confusion, que l'on ne pourrait lever que par la vue de l'échantillon type de la *striatula* de la collection Marcel de Serres. Malheureusement, malgré toute sa bonne volonté, M. de Rouville n'a pas pu encore me procurer la communication de ce type, et je n'ai pas pu vérifier si M. Agassiz avait eu raison de rapporter la Scutelle caractéristique du calcaire à astéries de Bordeaux à une variété de la Scutelle ordinaire du calcaire moëllon de Montpellier, et j'avoue même que j'en serais surpris, si je m'en rapportais à la très-courte et très-incomplète diagnose que l'on peut trouver dans Marcel de Serres. Voici tout ce que dit en effet cet auteur dans sa Géognosie des terrains tertiaires, 1829, p. 156 :

« ..,. Il est une variété (de la *Scut. subrotunda* Lk.) assez constante et bien distincte par *la plus grande largeur de ses ambulacres*, qui sont striés à leur bord externe d'une manière assez prononcée. Cette disposition, *jointe à sa forme plus arrondie*, pourrait peut-être la faire séparer de la *Sc. subrotunda*, et lui faire donner le nom de *Sc. striatula*.» Je ne saisis pas bien le caractère des stries externes des ambulacres; quant à ceux tirés de la plus grande largeur des ambulacres et de la forme plus arrondie de l'espèce, ils sont en contradiction formelle avec les caractères du type de Bordeaux, tel que l'a défini et figuré M. Agassiz lui-même. M. Agassiz dit simplement (Monog. Scut.) que M. Marcel de Serres est le premier qui ait distingué cette espèce. Il ajoute que l'exemplaire figuré lui a été communiqué par M. Brongniart. J'ai vu cet exemplaire dans la collection Brongniart, à la Faculté des Sciences de Paris : c'est un échantillon qui avait été donné à Brongniart par M. Des Moulins, et qui avait été trouvé par Jouannet, à Terre-Nègre, c'est-à-dire dans le calcaire à astéries de Bordeaux.

Quant à l'indication de l'espèce dans le miocène de Malte, par M. Desor, je crois qu'elle est fondée sur une figure d'Andrea que M. Agassiz a déjà discutée et qui ne convient pas, selon moi, à la *striatula*. Cette indication a du reste disparu dans le travail plus récent de M. Whright, sur les Échinodermes de l'île de Malte. — Tout ce que je puis affirmer, malgré les citations de lieux de Grateloup qu'il est permis de rapporter à quelques déterminations spécifiques erronées, c'est que, pour moi, je ne connais pas encore la *Sc. striatula* en dehors du calcaire à astéries de Bordeaux : les Scutelles des faluns se rapportent toutes, pour moi, au type de la *subrotunda;* même une variété plus petite et plus ronde qui se rencontre dans les calcaires « aquitaniens » de Bazas, à Bazas même et à Baulac, au bord du Ciron. Et à l'inverse, je n'ai jamais rencontré, pour ma part, dans le calcaire à astéries, le type *subrotunda*, si bien et si abondamment représenté dans la « molasse ossifère » de Léognan.

Grateloup, cependant, même en tenant compte des corrections qui avaient été faites à sa première synonymie, a maintenu, dans son Catal. de la Gironde, n° 858, la véritable *Sc. subrotunda* (Grat., fig. 2-3), comme une espèce « commune à Léognan et au calcaire inférieur de Langon, Saint-Macaire et Terre-Nègre. » Comme tout-à-l'heure, et pour les mêmes raisons, je doute de la valeur de ces indications de Grateloup.

Mais M. Desor, de son côté, *Synopsis*, p. 232, donne pour la *Sc. subrotunda* les indications suivantes de terrains et de localités : « Tertiaire (miocène *inférieur*) de Bordeaux, *Dambert, commune de Gornac* (Gironde); Sardaigne ; — terrain molassique de Zukowce en Podolie (Eichwald).

Je soupçonne qu'il y a encore ici quelque erreur sur le gisement, en sens inverse de celles que j'ai supposées pour la *Sc. striatula*. Je crois, en effet, stratigraphiquement parlant, que les couches *aquitaniennes* de Sainte-Croix-du-Mont, où j'ai recueilli la *Sc. subrotunda* avec l'*Amphiope bioculata*, s'étendent un peu plus loin sur le sommet des côteaux jusqu'à Gornac, au-dessus du calcaire à astéries qui se relève très-vite dans cette direction. La *Sc. subrotunda* peut donc avoir été recueillie à Gornac (1), et cependant à un niveau qui n'est plus celui du miocène inférieur.

En tout cas, j'ai voulu appeler l'attention sur la fixation rigoureuse du gisement des deux espèces. Il est incontestable que, par leur abondance respective, l'un des deux types (la *Sc. striatula*) caractérise le calcaire à astéries, et l'autre (*Sc. subrotunda*) les faluns qui lui sont supérieurs. Il ne serait pas impossible, assurément, que l'un et l'autre se trouvassent adventivement en dehors de ces limites, mais le fait ne m'est pas prouvé jusqu'à présent. Les deux espèces, quoique très-nettement distinctes par plusieurs bons caractères apparents et notamment par celui de la dimension des ambulacres qui dans la *striatula* sont encore petits comme dans les types de Scutelles éocènes, peuvent cependant être facilement confondues lorsqu'on n'a que des échantillons incomplets ou mal conservés. La forme générale, en définitive, est à peu-près la même : rétrécie en avant, dilatée et sinueuse en arrière. La taille, généralement beaucoup moindre dans la *Sc. striatula*, peut cependant atteindre dans cette espèce jusqu'à 80 ou 90 millim. de diamètre. La *Sc. subrotunda* de son côté, qui atteint à Léognan jusqu'à 140 mill. de diamètre, peut descendre jusqu'aux petites dimensions de l'espèce du calcaire à astéries. Il y a là des causes de confusion contre lesquelles il faut se tenir en garde.

Enfin, et cependant, comme indication bibliographique, je ne dois pas omettre de dire que la *Scut. subrotunda* est formellement citée par MM. Gastaldi et Michelotti dans les couches du miocène inférieur de Dego, dans l'Italie septentrionale.

---

(1) Il est singulier que la carrière inconnue de Dambert, près de Gornac, dans l'Entre-deux-Mers, c'est-à-dire en pleine région de calcaire à astéries, soit devenue, pour les auteurs étrangers, la localité classique du gisement de la *Scutella subrotunda* des faluns du sud-ouest de la France ! Cette indication, donnée la première fois, je crois, par d'Orbigny, dans son Prodr. Et. 26, nº 2634, a été ensuite reproduite par M Desor, etc., et je la retrouve dans la publication récente de M. Laube. Je profite de l'occasion qui m'est offerte pour restituer à la molasse de Léognan (étage aquitanien *Sec.* Mayer) ses droits incontestables à être regardée comme le gisement type de la *Scutella subrotunda* de Lamarck.

AMPHIOPE AGASSIZI, DES MOULINS.

Syn. *Scutella bioculata*, Des M. in Dufrénoy. 1836.
Amphiope Agassizii, Des M. in coll. 1845. — Cotteau. Rev. et Mag. de Zool. 1864. p. 103 (pl. XIV, fig. 3-5).

Cette jolie et intéressante espèce, que M. Cotteau a fait figurer en 1864, se trouve assez communément dans le calcaire à astéries de la Gironde, mais seulement à ma connaissance dans les cantons de Pellegrue, de Monségur, de la Réole, de Meilhan, c'est-à-dire sur le rivage méridional de la formation, là où abondent aussi la *Scutella striatula* et les carapaces de crustacés.

Pas plus que la *Sc. striatula*, je ne la connais du bassin de l'Adour; c'est la première apparition dans les terrains tertiaires des Scutelles lunulées, répandues dans la nature actuelle; et M. Cotteau a signalé dans la disposition des plaques ambulacraires autour de la lunule, disposition qui n'a pas été figurée malheureusement, un caractère qui porte à croire que le genre *Lobophora* devrait être réuni au genre *Amphiope*. J'ajouterai qu'il est intéressant, assurément, de voir que les premières Scutelles lunulées que nous trouvons ont un caractère qui les rapproche plus des *Lobophora* vivant actuellement que des *Amphiope* des terrains miocènes. Le type s'emble s'être écarté du plan primitif pour y revenir ensuite.

ECHINARACHNIUS? PORPITA, DES MOULINS, sp.

(Pl. XV, fig. 6, *a*, *b*, *c*, *d*, *e*.)

Cassidulus porpita, Des Moulins, *in* Dufrénoy. — *Id.* Tabl. syn. n° 5, pag. 246. (exclude synon. et icon.)
— *nummulinus*, Des Moul.? *pro parte* (*exclude* Blaye).
— *porpita*, Grateloup. Catal. Girond., n° 870.
— *nummulinus*, *id.* —? *ibid.* n° 869. *pro parte* (*exclude* Blaye).
Echinarachnius porpita, Agassiz, Catal. rais. p. 76.
Cassidulus porpita, Bronn, Index palæont.
Echinarachnius porpita, d'Orbigny. Prodr. falun. A. 299.
— *id.* Pictet. Palæont.
Scutellina porpita, Desor. — Synopsis. p. 224.
— — Raulin. — Congr. Scient. 1863.

Espèce petite, très-plate, subcirculaire dans l'état adulte; rétrécie en avant, un peu plus dilatée et légèrement sinueuse en arrière. Face supérieure à bords légèrement renflés, et sommet ambulacraire élevé. Rosette très-régulière, composée de 5 ambulacres pétaloïdes, courts et larges, presque fermés à leur extrémité; pores génitaux 4?; zones porifères égales à l'espace qui les sépare; pores non conjugués? Face inférieure presque plane, ou très-légèrement concave, sans sillons apparents, mais offrant 5 dépressions vagues correspondant aux ambulacres. Périprocte petit, suprà-marginal, très-rapproché du bord. Péristome grand et central.

Diam. antéro-postérieur. . .	17 millim.	
— transversal	16 1/2	—
Hauteur	3	—

Nota. — Ces dimensions sont les dimensions moyennes de l'espèce. Mais elle peut atteindre 20 et peut-être même 25 millim. de diamètre.

Loc. Calcaire à astéries du département de la Gironde, *passim*, à Langon, Saint-Macaire, La Tresne, Bordeaux (Terre-Nègre), Saint-Michel, près de Libourne, etc. Assez rare.

La détermination spécifique et même générique de cet oursin n'est pas sans difficulté. L'espèce a été introduite, en 1836, dans la nomenclature par M. Des Moulins *loc. cit.*, sans description, et rangée par lui dans le genre *Cassidulus* tel qu'il le comprenait à cette époque, sous la double dénomination spécifique de *Cassidulus porpita* et de *Cassid. nummulinus* (nous pensons du moins que le *C. nummulinus* doit être également rapporté à l'espèce *pro parte;* Bordeaux, *exclusis aliis*). M. Agassiz, et après lui, MM. d'Orbigny et Pictet, entendant le genre *Cassidulus* autrement, ont inscrit cette espèce dans le genre *Echinarachnius*. M. Desor, au contraire (*Synopsis*), l'a portée dans les *Scutellina*.

Je crois pouvoir affirmer, pour ma part, que l'espèce en question n'offre pas le caractère principal de ce dernier genre, c'est-à-dire l'intérieur divisé par des cloisons rayonnantes. Elle présente, au contraire, autant que j'ai pu m'en assurer, comme les Scutelles, une cavité centrale vide correspondant à la région ambulacraire et des bords massifs ou simplement caverneux. C'est pour moi un véritable Scutellien, et n'était la position certainement suprà-marginale de l'anus, ce serait une véritable Scutelle. Je dois même confesser que lorsque, par quelque accident ou par l'encroûtement du fossile, ce caractère ne peut pas bien s'observer, il est difficile de savoir si l'on n'a pas tout simplement sous les yeux le jeune âge d'une Scutelle, de la *Scutella striatula*, par exemple. L'anus est d'ailleurs si près du bord dans l'une et l'autre espèce que, dans certains échantillons incontestables de la *Sc. striatula*, il s'ouvre tout-à-fait au fond d'une échancrure ou gouttière marginale, de manière à ne paraître vraiment ni supère, ni infère; d'un autre côté, je fais figurer comme *porpita* un fragment relativement grand (pl. XV, fig. 6, *e*), qui présente aussi cette échancrure marginale produite sans doute par l'âge, et que je me décide à rapporter à cette petite espèce, parce que, dans cet échantillon, l'anus s'ouvre en définitive à la partie *supérieure* du fond de l'échancrure, et que je crois y voir un ambulacre moins fermé que ceux de la *Sc. striatula*, mais il y a lieu d'hésiter. Je préfère donc inscrire l'espèce dans la tribu des Scutelliens et dans le genre *Echinarachnius* comme l'avait fait M. Agassiz, mais en faisant encore beaucoup de réserves à cet égard. Car je trouve que cette forme est assez déplacée dans un genre dont l'*Ech. parma* avec ses pétales ouverts, ses sillons inférieurs bien marqués et anastomosés d'une façon toute particulière, etc., est le type vivant, et dont l'*E. Juliensis* de Patagonie serait le seul représentant fossile d'après M. Desor. Il faut encore moins songer à en faire un *Arachnoides*, genre qui ne compte qu'une espèce (*A. placenta*) d'un type tout particulier, et l'on arrive ainsi par exclusion à être fort embarrassé pour attribuer avec sécurité notre *porpita* à quelqu'un des genres existants (1).

Quant au nom spécifique, M. Des Moulins avait rapporté cet échinide au type vivant figuré dans Favanne et dans l'Encycl. méthod. (d'après Seba), pl. 152, fig. 3, 4, sous le nom de *Scutella porpita*, tout en reconnaissant l'insuffisance de ces figures et la difficulté qui résultait d'ailleurs de ce que Seba n'a figuré que des espèces vivantes.

M. Agassiz (Monogr. des Scutelles) dit, à propos de l'*Arachnoides placenta*, que « la *Scutella porpita* des auteurs est bien certainement un

---

(1) J'ai communiqué récemment à la Société géologique de France (séance du 15 juin 1869), une nouvelle petite espèce d'Echinide très-intéressante trouvée dans les marnes à *Ostrea longirostris* des environs de Paris, c'est-à-dire à l'horizon même de notre calcaire à astéries, et qui présente tout-à-fait et plus encore les mêmes caractères ambigus que la *porpita* de Bordeaux, dont elle se distingue par son bord beaucoup plus sinueux, même dans le jeune âge, son anus un peu moins marginal, et *l'impression très-nette des sillons ramifiés de sa face inférieure*; je me suis décidé à en faire le type d'un sous-genre nouveau, sous le nom de « *Scutulum parisiense*. » Peut-être devrait-on y faire entrer aussi le *porpita* de Bordeaux.

jeune de l'*Arachnoides placenta*, et qu'il lui est dès-lors démontré que l'espèce fossile que M. Des Moulins a signalée sous le nom de *Cassidulus porpita*, et qu'il ne connaît pas, ne saurait avoir pour synonymes les citations relatives au *Scutella porpita* des auteurs que M. Des Moulins lui rapporte.., » — M. Desor, *Synopsis*, p. 224, ajoute à son tour, que « c'est uniquement sur la foi de M. Des Moulins qu'il rapporte l'espèce de Terre-Nègre au *Scut. porpita* de l'Encyclopédie méthodique, la figure de ce recueil étant trop défectueuse pour être d'aucun secours. »

De ces observations diverses il résulte que l'espèce fossile doit être en effet distinguée de l'espèce vivante à laquelle on l'avait d'abord rapportée; mais, si le nom spécifique de *porpita* de l'Encyclopédie doit disparaître comme passant en synonymie de l'*Arachnoides placenta*, jeune, il peut être réservé ou repris pour l'espèce fossile de Bordeaux, qui appartient à un autre genre, quel qu'il soit.

NUCLEOLITES DELFORTRIEI Cotteau.

Act. Soc. Linn. Bordeaux, t. XXVII, pl. XII, fig. 6-10.

Je renvoie au travail de M. Cotteau pour la description de cette intéressante espèce, qui vient se placer heureusement dans l'oligocène pour permettre de suivre la marche du genre dans les terrains tertiaires, depuis les couches nummulitiques éocènes jusque dans les faluns miocènes de Bretagne, où je l'ai récemment retrouvé, ainsi que le constate M. Cotteau. J'ajouterai que j'ai recueilli aussi un autre Nucléolite dans les carrières de Peyredoule, près de Berson, dans le Blayais, qui appartiennent à l'étage de Saint-Estèphe et de Cars, c'est-à-dire à un étage marin particulier, intermédiaire entre la grande formation marine du calcaire à astéries et le calcaire marin éocène supérieur de Blaye. Ce Nucléolite, qui est à étudier, est plus petit, plus convexe, avec un sillon anal plus étroit, une étoile ambulacraire beaucoup plus distincte, etc. que le *N. Delfortriei*, dont il est tout-à-fait différent; il se rapproche beaucoup plus des *N. testudinarius* Brongn. ou *Meinradi* Des., des terrains éocènes du Vicentin. — C'est un jalon de plus.

Loc. Monségur. — Coll. Delfortrie.

ECHINOLAMPAS BLAINVILLEI Agassiz.

(Pl. XVI, fig. 1, 2, 3.)

Clypeaster oviformis Defrance, *in* Dict. Sc. nat., 1817.
Echinolampas oviformis fossilis Blainville, *ibid.* Zoophytes, p. 198.

Echinolampas oviformis Des Moulins, *in* Dufrénoy, 1836. — Tabl. syn., 1837, p. 342, var. B. *exclude* Blaye, Dax, Chaumont, France mérid. *exclude*, var. *C.*

— *ovalis* Des Moulins, *ibid.*, *pro parte*, Bordeaux, *exclusis aliis locis.*

— *oviformis* Grateloup, Catal. Girond., 1838, n° 889, *pró parte. exclude* Blaye. — Non *Clypeaster oviformis,* Gratel., Ours. foss. Dax, 1836, pl. I, fig. 10.

— *ovalis* Grateloup, *ibid*, n° 890, *pro parte. exclude* Blaye. — Non *Clypeaster ovalis* Grateloup, Ours. foss. pl. I, fig. 9.

— *Blainvillei*. Agassiz, Catal. rais., p. 106, 1846-1847.

— *oviformis,* Bronn, Index palæont., 1848.

— *Blainvillei*, D'Orbigny, Prodr. Etag. 25, n° 1207, 1852.

— *Id.* Desor, Synopsis, p. 308, 1855.

— *Id.* Raulin, Congr. scient. Bordeaux, 1863.

Espèce de taille moyenne, renflée, ovoïde, arrondie en avant, légèrement dilatée et subrostrée en arrière. — Face supérieure convexe, très-renflée sur les bords; face inférieure pulvinée. — Sommet ambulacraire un peu excentrique en avant; ambulacres assez larges, bien ouverts à leur extrémité, presque égaux entre eux; espace interporifère du double plus large que les zones porifères. Dépression péristomale assez profonde; péristome subtrigone; floscelle assez bien marqué. Périprocte grand, ovale, transverse.

Longueur, 57 millim.; largeur, 50 millim.; hauteur, 28 millim.

Var. *A. alta*, de Quinsac (Gironde), pl. XVI, fig. 2 (ma collection); de mêmes dimensions que le type, mais s'en distinguant par son sommet apicial plus conique et plus excentrique en avant, par ses ambulacres sensiblement plus étroits et sa forme moins dilatée en arrière.

Var. *B. depressa*, de Terre-Nègre, à Bordeaux, pl. XVI, fig. 3 (ma collection); de dimensions plus grandes que le type, et de forme sensiblement plus déprimée.

Rapports et différences. — Cette espèce est caractéristique du calcaire à astéries des environs de Bordeaux. La diagnose que nous en donnons et les figures qui l'accompagnent, excluent tout ce qui a rapport au véritable *Echinolampas ovalis* Val., espèce beaucoup plus petite, plus ellipsoïdale, à ambulacres proportionnellement plus larges, etc., du type de l'*Echinol. dorsalis* Ag., de Saint-Palais (voir d'Archiac, Mém. Soc. géol. France, t. III, 2e partie, pl. XI, fig. 2), qui appartient à un niveau géologique inférieur, celui du « calcaire marin de Saint-Estèphe, » de M. Matheron, et qui n'a été, jusqu'à présent, trouvée que dans le Blayais et dans le Médoc. Parmi les espèces éocènes, celle qui semblerait, d'après les descriptions, se rapprocher le plus du *Blainvillei*, serait l'*Echinolampas Delbosi* Cott., 1863, des couches de Biarritz; malheureusement, elle n'a pas été figurée. D'un autre côté, notre espèce doit être séparée du type plus récent des faluns et des molasses, avec lequel elle a été plus d'une fois confondue, et dont elle se rapprocherait davantage au premier aspect par la forme générale de son ambitus, je veux dire du type des faluns de Léognan, *Echinol. Richardi* Des Moul., ou *Echinol. Laurillardi* Ag. (1); ce dernier est toujours bien moins renflé, plus déprimé et plus plat sur les bords, plus orbiculaire, même dans l'échantillon moulé de la collection de Neuchâtel, n° 35. Les deux espèces fossiles se rapportent à deux types différents : l'espèce de Léognan se rapporte à un type actuellement vivant sur les côtes du Sénégal et de l'Afrique occidentale, que M. Des Moulins avait fait connaître dans ses Tableaux synon., p. 340, sous le nom de *E. Richardi*. Au contraire, c'est avec un autre type vivant dans les mers australes, l'*Echinus oviformis* de Linné, que notre *E. Blainvillei* (surtout dans la variété *A*) a le plus d'analogie; ces analogies sont même assez marquées pour que les deux formes aient été longtemps confondues. L'espèce du calcaire à astéries se distingue cependant de l'espèce vivante par plusieurs bons caractères que nous avons pu apprécier par l'examen comparatif des types de Lamarck qui sont au Museum de Paris; ceux-ci, *Echin. oviformis* vrais des mers actuelles, sont plus grands, plus allongés, plus étroits, proportionnellement plus hauts, avec le sommet plus conique et plus excentrique en avant que dans l'espèce fossile; le caractère tiré de la largeur relative des ambulacres n'est pas constant, et quelles que soient les variations de l'espèce vivante, qui sont très-sensibles, et celles de l'espèce fossile de Bordeaux, les deux espèces ne se confondent pas cependant.

Nous avons pris pour type et fait figurer comme tel un individu de la

(1) Je laisse à M. Des Moulins le soin de faire la critique de ce type dans un travail spécial qu'il prépare en ce moment.

collection de M. Des Moulins (portant le n° 121 de cette collection), provenant des environs de Bordeaux, et qui est celui même qui a été communiqué par ce savant en 1847 à M. Desor, et qui lui a été renvoyé par celui-ci, étiqueté de sa main comme *Echinolampas Blainvillei* Agass. C'est d'ailleurs à cette forme que se rapportent parfaitement la très-grande majorité des échantillons que j'ai eus entre les mains.

La description détaillée et la représentation exacte de ce type étaient nécessaires; car la seule figure citée à l'appui de la très-courte diagnose du Synopsis est celle de Grateloup, Ours. foss. de Dax, *Clyp. oviformis*, pl. I, fig. 10. Or, je me suis assuré, grâce à une obligeante communication de M. Des Moulins, que cette figure de Grateloup représente, assez mal d'ailleurs, un *Echinol. Richardi* Des Moul. des faluns supérieurs à *Cardita Jouanneti* de Narrosse, près de Dax, qui n'a rien de commun avec notre espèce du calcaire à astéries; pas plus que la figure de son prétendu *Clyp. ovalis*, ibid., pl. I, fig. 9, qui n'est ni un *ovalis*, ni un *oviformis*. Je ne sais pas davantage ce que peut être son *Clyp. Cuvieri* (NON *Cuvieri* Münster. *Echinol. oviformis*, var. *C.* Des Moul.), figuré ibid., pl. II, fig. 22, qui rappellerait mieux peut-être, comme contour, la forme du *Blainvillei*, mais qui, d'après le texte, doit se rapporter à une espèce du terrain nummulitique de Montfort ou des faluns supérieurs de Dax.

L'*Echinolampas Blainvillei*, entendu comme nous venons de le faire, et dégagé des espèces éocènes ou faluniennes avec lesquelles on l'avait confondu, est une espèce caractéristique, avons-nous dit, du calcaire à astéries du département de la Gironde; il n'y est pas rare, et il y a été recueilli sur une quantité de points depuis Haux, Cambes, Langoiran, Quinsac, Floirac, Bordeaux, Lormont, jusqu'à Belvès (Delbos, *in* Mém. s. form. d'eau douce), au nord-est du département et sur la rive droite de la Dordogne. J'ajouterai même que jusqu'à présent, à ma connaissance, il est spécial à ce département comme à cet horizon géologique : et je pense que toutes les citations de localités, autres que celles-ci, qu'on trouve dans Grateloup ou dans Des Moulins, doivent être exclues jusqu'à plus ample informé, même pour le bassin de l'Adour. Il est cité cependant par Grateloup (Ours. foss. de Dax), de la « *glauconie crayeuse de Tercis.* » (Al. Brongn.); ce qui doit s'entendre, si je ne me trompe, en me reportant à la terminologie de l'auteur, des couches tertiaires oligocènes de Lesperon, près de Tercis, où il pourrait, en effet, se trouver et où il serait parfaitement à sa place, beaucoup mieux à sa place que l'*Ananchytes ovata*, par exemple, etc., que le même auteur, *ibid.* cite du même gisement tertiaire de Lesperon. Mais je ne l'ai jamais vu de cette localité. J'en dirai tout autant des indications du Prodrome de d'Orbigny, qui cite l'espèce non-seulement de la Dordogne, mais de la Sardaigne et de Nice. Ces citations, empruntées, je crois, à M. Sismonda, et sur lesquelles je n'ai pas pu m'édifier complètement, ne se retrouvent pas dans le Synopsis de M. Desor, et j'ai lieu de douter de leur exactitude. Je ferai remarquer d'ailleurs que d'Orbigny, en inscrivant cette espèce dans son étage 25e, Parisien A, a commis une erreur stratigraphique semblable à celle que j'ai déjà relevée pour le *Crenaster lævis* et pour l'*Echinocyamus piriformis.*

HEMIASTER COR. Desor.

(Pl. XV, fig. 7, *a*, *b*, *c*.)

Agass. 1847, Cat. p. 123. — D'Orbigny, Prodr. Étage 26e, no 2,607. Desor, Cat. rais., p. 123; Synopsis, p. 374.

Cette espèce a été créée par MM. Agassiz et Desor, d'après un exemplaire existant au Muséum de Paris, et donnée comme appartenant au terrain tertiaire (miocène?) sans indication de localité.

Elle a été citée par d'Orbigny dans son Falunien B, avec cette mention : France, Bourg (*Ain*). — Il y a probablement dans cette indication une double erreur : je ne sache pas que les dépôts marins miocènes du Jura s'étendent précisément jusqu'à Bourg, chef-lieu du département de l'Ain, qui est situé en pleine alluvion de la Bresse; cette citation du Prodrome doit sans doute s'entendre (comme pour l'*Hemiaster acuminatus*, cité *ibid.*, no 2,611) de Bourg, *dans le département de la Gironde*, en amont de Blaye, qui a donné son nom dans le S.-O. au « *calcaire de Bourg.* » Il s'ensuivrait alors que l'espèce ne devrait pas rester dans le Falunien B, et qu'elle devrait être reportée dans le Falunien A de d'Orbigny.

Je me suis confirmé dans ces doutes par la vue de l'échantillon type qui existe à Paris dans la galerie de *Géologie* du Muséum, où il est classé parmi les fossiles des faluns du Sud-Ouest, avec cette étiquette « Falunien B, 2,617, *Dax*, » qui se réfère évidemment au Prodrome, quoique la citation de la localité ne soit plus la même.

Je crois donc que l'oursin appartient bien à la faune tertiaire du sud-ouest de la France, et je crois même que l'on peut attribuer provisoirement l'*Hemiaster cor* à l'étage du calcaire à astéries, autrement dit « calcaire de Bourg et de Saint-Macaire » avec plus de probabilité qu'à aucun autre (1).

Je fais figurer, pour plus de clarté, l'exemplaire, unique à ma connaissance, du Muséum de Paris.

C'est ici que devrait se placer dans notre Catalogue, une espèce qui a été citée plusieurs fois des environs de Bordeaux, et dont la discussion critique n'est pas sans difficulté; je veux parler de :

HEMIASTER ACUMINATUS.

Syn. *Spatangus acuminatus*, Gold. *sec.* Des Moul. et Gratel.
Schizaster acuminatus, Agass. et Des. Catal. rais.
Hemiaster acuminatus, D'Orb. Prod.
— *id.* Raulin, Cong. Scient. 1863.

La mention de cette espèce dans le calcaire à astéries remonte au mémoire de Dufrénoy où M. Des Moulins avait inscrit le *Spatangus acuminatus* Gold. dans sa liste des fossiles du calcaire de Blaye et dans celle du fossiles du calcaire grossier de Saint-Macaire, Langon, etc. On retrouve cette espèce dans ses Tabl. synon. p. 390, avec l'indication suivante de localités : « Cassel, Dusseldorf, Bordeaux ! Blaye ! »

Grateloup, dans son Catalog. zoolog. de la Gironde, n° 897, reproduit cette double indication à la suite de l'espèce : « Blaye, Langon, Saint-Macaire. c. »

MM. Agassiz et Desor, Catal. rais., inscrivent l'espèce dans le genre *Hemiaster* avec cette indication géologique : « Myocène tertiaire de Cassel. *Calcaire de Bourg*, *de Bordeaux*. »

D'Orbigny mentionne à son tour cette espèce, comme *Hemiaster*, dans son Falunien B, étage 26, n° 2611, Prodr., à côté de l'*Hemiaster cor* et du *Brissus dilatatus*, avec cette indication de localités : « Bordeaux (Gironde) Bourg (*Ain*), ce qui est évidemment une reproduction erronée de la citation du Catal. rais., Cassel. »

Mais M. Desor, Synopsis, p. 374, ne reproduit plus à l'article de l'*Hemiast. acuminatus* ces indications de gisement dans le S.-O. de la France : il se contente d'indiquer, d'après Goldfuss, les localités

(1) L'*Hemiaster corculum* Laube, du Val Scarauto, dans le Vicentin, n'est pas sans analogie avec l'*H. cor*.

allemandes de Cassel et de Graffenberg près Dusseldorf, du tertiaire supérieur, avec un *Nota* important.

Je retrouve cependant l'*Hemiaster acuminatus* cité par M. Raulin parmi les Echinodermes du calcaire à astéries, en 1863 (Cong. Scient.)

Je crois que c'est avec raison que le Synopsis ne mentionne pas l'*Hem. acuminatus* dans le département de la Gironde. J'ai pu en effet, grâce à l'obligeance parfaite de M. Des Moulins, étudier les deux échantillons types de sa collection qu'il a bien voulu me communiquer, en accompagnant cette communication d'une note sur l'histoire de leur détermination et de ses appréciations nouvelles. Ni l'un ni l'autre de ces deux oursins ne me semblent pouvoir convenir à la figure que Goldfuss a donnée *è nucleo* du *Spatangus acuminatus*, Petref. Germ. pl. 49, fig. 2. (je ne connais pas l'espèce de *visu*) qui montre un profil totalement différent et remarquable par la projection du côté postérieur au-dessus de l'anus et par l'oblitération du sillon antérieur vers le bord. Ces deux caractères, exprimés très-nettement dans la diagnose du Synopsis, ne peuvent aucunement se retrouver dans les oursins de la collection Des Moulins, et je pense qu'il faut rayer provisoirement l'*Hemiaster acuminatus* du Catalogue des Echinodermes du calcaire à astéries.

Les deux oursins ainsi spécifiquement dénommés dans la collection Des Moulins proviennent de deux niveaux différents, ainsi que nous l'avons vu, et se rapportent selon moi à deux types distincts :

1° Le plus petit, qui porte le n° 49 dans la collection de M. Des Moulins, et qui provient des couches *éocènes* de Blaye, est « plus haut, plus acuminé à son sommet, plus court et plus épais proportionellement que l'autre. Les ambulacres antérieurs sont absolument droits; les ambulacres postérieurs, plus courts et plus obtus que dans l'autre échantillon. Enfin, les gros tubercules de la face inférieure ne semblent pas perforés. » J'extrais ces observations délicates de la note même que M. Des Moulins m'a fournie, et j'appuierai seulement sur le caractère résultant de la forme générale, qui est très-sensible dans l'oursin vu de profil : on voit qu'il présente un sommet presque médian, un point anticlinal, à partir duquel la face supérieure est déclive des deux côtés, du côté postérieur aussi bien que du côté antérieur. Cet échantillon de la collection Des Moulins est celui qui a été moulé dans la collection des moules du Musée de Neuchâtel et marqué V. 19, et c'est à lui que se rapporte la note de la page 374 du Synopsis, à l'article de l'*Hemiaster acuminatus*, ainsi conçue : « C'est par erreur que la collection des

» moules indique cette espèce sous le nº V, 19, qui est un *Periaster*. » J'ajouterai que M. Desor a répandu depuis ce moule sous la dénomination de *Periaster Moulinsii* qui doit donc être attachée à ce premier type, et sous laquelle je le fais figurer (pl. XVII fig. 1.). C'est un type étranger à notre calcaire à astéries : j'en donne ci-dessous la diagnose (1).

2º L'autre prétendu *Hemiaster acuminatus* de la collection de M. Des Moulins, portant le nº 50 dans cette collection, plus grand du double que le précédent, et provenant avec certitude du calcaire à astéries de Lormont, en face de Bordeaux, se rapporte à un type tout différent avec lequel nous constituons une nouvelle espèce sous le nom de *Periaster Arnaudi*, que nous allons faire connaître.

PERIASTER (2) ARNAUDI *nov. sp.*

(Pl. XVII, fig. 2, *a*, *b*. *c*, *d*).

Espèce de taille moyenne, ovoïde, à peine plus longue que large, assez épatée, déprimée et fortement échancrée en avant, épaisse et tronquée verticalement en arrière. Face supérieure subcarénée dans l'aire interambulacraire impaire. Face inférieure presque plane. Sommet ambulacraire un peu excentrique en arrière. Sillon antérieur large, profond, subanguleux sur les bords, s'étendant du sommet au péristome, en se rétrécissant vers l'ambitus. Ambulacres pairs moins profonds et moins larges que le sillon antérieur, presque droits ou très-légère-

---

(1) PERIASTER MOULINSII DESOR *in litt.*
(Pl. XVII, fig. 1, *a*, *b*.)

Diam. antéro-postérieur.	23 mill.
Diam. transversal.	21
Hauteur.	17

Forme bombée, épaisse; sommet excentrique en arrière; face supérieure très-déclive en avant; déclive aussi quoique d'une façon moins prononcée, du côté postérieur. Sillon impair large et se continuant jusqu'à l'ambitus qu'il échancre très-nettement; ambulacres antérieurs peu profonds, larges, droits et un peu obtus; ambulacres postérieurs de moitié moindres; zones porifères séparées par un intervalle très-étroit. Fasciole péripétale mince et à sinuosités anguleuses; fasciole anale ? Face inférieure et côté postérieur mal connus.

Loc. Blaye, calc. grossier. — Coll. Des Moulins, nº 49.

(2) Je m'associe pour ma part aux doutes émis par M. Cotteau sur la valeur des caractères génériques qui séparent les *Periaster* des *Schizaster* ; au moins pour les espèces suivantes.

ment infléchis en dehors, terminés obtusément à leur extrémité; les postérieurs sensiblement plus courts que les autres (la paire antérieure, dans les échantillons types, ayant 15-16 millim. de longueur et la paire postérieure 10-11); zones porifères bien plus larges que l'intervalle qui les sépare. Tubercules abondants, très-inégaux, très-petits et très-serrés à la face supérieure et autour du périprocte, plus gros sur les bords du sillon impair et du côté antérieur, beaucoup plus gros encore et plus espacés à la face inférieure et surtout autour du péristome. Périprocte ovale, assez petit, s'ouvrant au sommet de la troncature postérieure. Péristome très-rapproché du bord, semi-lunaire, étroit, muni d'une lèvre inférieure saillante. Fasciole péripétale très-large, irrégulière, martelée; fasciole latéro-anale très-étroite.

Diamètre antéro-postérieur.	34-35	millim.
— transversal.	32	—
Hauteur.	22	—

Nota. — Un de mes échantillons est plus gros et plus ramassé que le type figuré. Il compte au moins 25 millim. de hauteur au côté postérieur; il présente aussi un sommet un peu plus excentrique en arrière.

Nous avons établi cette espèce non-seulement à l'aide de l'échantillon de Lormont, cité plus haut; mais surtout à l'aide de deux échantillons bien plus parfaits qui ont été recueillis dans le calcaire à astéries de Saint-Michel, près de Libourne (Gironde), par M. Arnaud, notre confrère de la Société géologique de France, à qui nous nous faisons un plaisir de dédier ce type que nous croyons nouveau. Nous en connaissons également un échantillon trouvé par M. Guestier dans les couches supérieures de la Roque de Tau, et nous croyons pouvoir en rapprocher aussi un oursin, fort écrasé, recueilli à Cambes par M. Linder, qui l'a présenté à la Société Linnéenne de Bordeaux (V. Pr. verbaux 1868, t. XXVI, page 617). L'espèce est donc répandue, quoique rare, dans toute l'étendue du calcaire à astéries du département de la Gironde.

En dehors de ce département, elle se trouve près de Dax, au même niveau, dans les carrières de Lesperon et dans les couches à *Macropneustes*, dont il sera parlé plus loin : je crois pouvoir du moins y rapporter deux *Periaster* en mauvais état que j'y ai recueillis.

Enfin, j'ai reçu du Vicentin, et comme provenant de Monte Carlotto, près de Castel-Gomberto, plusieurs *Periaster*, malheureusement aussi dans un état défectueux, que je crois pouvoir rapporter à notre espèce.

Rapports et différences. — Cette espèce se rapproche certainement d'un type nummulitique recueilli à Hastingues (Landes) par M. Raulin, et qui avait peut-être été compris par M. Cotteau dans son *Periaster Raulini* (Congr. Scient., Bordeaux, 1863), mais que nous croyons devoir distinguer sous le nom de *Periaster Cotteaui*, nov. sp. Nous en donnons ci-dessous la diagnose (1), et grâce à l'obligeance de M. Raulin, nous avons pu le faire figurer ainsi que le *Per. Raulini* (pl. XVII, fig 4, a, b.) qui ne l'avait pas été ; nous espérons faire mieux saisir ainsi les caractères différenciels qui séparent toutes ces espèces qu'il est difficile de bien exprimer autrement. Nous pouvons dire cependant que notre *P. Arnaudi* diffère du *P. Cotteaui* par sa taille plus forte, sa forme moins élégante, plus épatée, plus déprimée en avant, moins cordiforme, bien moins étroite du côté postérieur, plus plate en dessous, et par ses tubercules plus nombreux et plus serrés, plus inégaux, etc.

---

(1) PERIASTER COTTEAUI, *nov. sp.*
(Pl. XVII, fig. 5 *a*, *b*).

Espèce assez petite, un peu plus longue que large, ovale sub-cordiforme, échancrée en avant, étroite et tronquée en arrière. Face supérieure haute, légèrement déclive en avant, resserrée en arrière et marquée d'une carène saillante qui se prolonge jusqu'au périprocte. Face inférieure bombée au milieu et sensiblement renflée du côté postérieur. Sommet ambulacraire un peu excentrique en arrière. Sillon antérieur assez large, profond, allant du sommet au péristome. Ambulacres pairs bien marqués, larges, presque droits, obtus à leur extrémité ; les antérieurs ayant 13 mill. de long ; les postérieurs, 8 mill. Zones porifères bien plus larges que l'espace qui les sépare. Tubercules ne paraissant pas très-serrés ni très-inégaux. Périprocte ovale, s'ouvrant presque au sommet et dans une légère concavité de la face postérieure. Fasciole péripétale assez large et sinueuse; fasciole sous-anale étroite, d'ailleurs mal connue.

Diamètre	antéro-postérieur.	28 millim.
—	transversal.	25 —
Hauteur		20 —

Ce *Periaster* se distingue parfaitement du *P. Raulini* Cotteau, par la position du sommet ambulacraire qui, dans ce dernier, est excentrique *en avant*, d'où résulte un profil tout différent et brusquement déclive, et par la forme des ambulacres qui, dans le *P. Raulini*, sont longs, étroits, effilés et, de plus, circonscrits par une fasciole très-étroite et élégamment anguleuse.

Loc. Hastingues (Landes) Étage nummulitique. — Coll. Raulin.

Nota. — Les figures 4 et 5 de la planche XVII suffiront, je l'espère, pour faire saisir les caractères différenciels des deux espèces ; mais elles ne rendront que très-imparfaitement leurs caractères propres et secondaires.

PERIASTER BURDIGALENSIS *nov. sp.*

(Pl. XVII, fig. 3, *a*, *b*.)

Espèce de taille moyenne, épaisse, assez régulièrement ovale, légèrement échancrée en avant et tronquée obtusément en arrière. Face supérieure gibbeuse, plus déclive en avant. Face inférieure légèrement et uniformément convexe; tubercules nombreux, perforés. Sommet ambulacraire un peu excentrique en arrière; sillon antérieur large, assez profond, se continuant jusqu'au bord; ambulacres pairs allongés, non obtus à leur extrémité; les antérieurs plus étroits que le sillon impair, et mesurant 17-18 millim., les postérieurs, 12 millim. Périprocte? Fasciole latéro-anale mince, très-distincte. Fasciole péripétale?

Diam. antéro-postérieur. . . .	35 millim.
Diam. transversal.	33 —
Hauteur.	23 —

Diffère du *Periaster Cotteaui*, et se rapproche davantage du *P. Raulini* par la forme allongée et la grandeur relative de ses ambulacres; mais se distingue très-bien du *Raulini* par sa forme lourde et ovalaire, par la position de son sommet ambulacraire qui n'est pas excentrique en avant, par la grosseur des tubercules de la face inférieure qui sont au contraire très-petits dans l'espèce nummulitique, etc.

Nous proposons cette espèce nouvelle pour un *Periaster* recueilli par M. Gosselet dans le calcaire à astéries du côteau de La Souys, en face de Bordeaux (Ma collection.)

Nota. — Nous laissons encore en dehors un petit *Periaster*,

Hauteur.	13 millim.
Diamètre antéro-postérieur. . . .	19
Diam. transversal.	17

provenant de Quinsac, ancienne collection Banon, qui se distingue par la position excentrique en avant de son sommet, par la déclivité très-abrupte de sa face antérieure, la profondeur et la rectitude du sillon impair, et l'écartement des ambulacres antérieurs, qui forment avec le sillon impair un angle très-ouvert, enfin, par la grosseur relative des tubercules des côtés. Malheureusement, l'état incomplet de l'exemplaire unique que je possède, et dont la face dorsale et postérieure est tout-à-fait endommagée, m'empêche de préciser davantage les caractères d'une forme que je crois nouvelle, et que j'appellerai *Periaster Banoni.*

PERIASTER SOUVERBIEI, Cotteau.

(Act. Soc. Linn. de Bordeaux. t. 27. pl. XIII, fig. 1-6.)

L'exemplaire type décrit et figuré par M. Cotteau a été trouvé à Saint-André-de-Cubzac (Gironde) d'après l'étiquette du Musée de Bordeaux auquel il appartient, et par conséquent dans le calcaire à astéries qui est la seule formation marine du lieu. J'en ai d'ailleurs retrouvé moi-même un exemplaire jeune (*ibid.* fig. 5.) à la Roque-de-Tau, dans les mêmes couches que le *Cœlopleurus Delbosi* et que l'*Euspatangus Tournoueri* Cott.; et, depuis le travail de M. Cotteau, M. Arnaud m'a communiqué deux échantillons de l'espèce recueillis par lui dans le calcaire à astéries de Saint-Michel, près de Libourne, c'est-à-dire toujours dans le prolongement du calcaire de Bourg, sur la rive droite de la Dordogne, où l'espèce semble jusqu'ici localisée.

M. Cotteau a réuni provisoirement à cette espèce un très-petit oursin (figuré *ibid.* fig. 6, *malè*) que j'avais recueilli à Blaye, dans les couches éocènes à *Laganum marginale*. Je me permets d'insister, pour ma part, sur les doutes que l'on peut conserver à l'égard de cette identification entre l'espèce du calcaire à astéries et le petit échantillon de Blaye, qui présente une disposition aplatie et même enfoncée du sommet ambulacraire, qui a d'ailleurs été mal rendue dans la figure précitée, et qui ne se retrouve pas dans les types du calcaire de Bourg. Est-ce seulement un caractère du jeune âge? Je rapporterais plus sûrement au *P. Souverbiei*, un petit oursin que j'ai vu dans la collection d'Orbigny, au Muséum, étiqueté : Blaye, n° 9680 dans le catalogue manuscrit, et dont je ne garantis pas d'ailleurs la provenance.

Musée de Bordeaux. — Ma collection.

SCHIZASTER BELLARDII? Agassiz.

(Pl. XVI, fig. 4, *a*, 6.)

Cat. rais., p. 127; Desor, *Synopsis*, p. 391.

Nous attribuons, M. Cotteau et moi, au *Sch. Bellardii*, espèce italienne non figurée, un oursin des couches oligocènes de Lesperon près de Dax, qui se rapporte assez bien, en effet, au moule n° 39 de la collection de Neuchâtel par sa forme générale, par la position excentrique en arrière du sommet, la largeur des ambulacres, etc., mais qui s'en éloigne cependant, selon moi, par sa taille plus petite, et par la tendance des ambulacres antérieurs à s'infléchir en dehors, qui est très-marquée dans un fragment très-bien conservé que je possède, et dans un échantillon de la collection de M. Cotteau, que je fais figurer (1). Peut-être faut-il attendre des exemplaires plus complets pour se prononcer définitivement sur la détermination de ces *Schizaster*, et sur la valeur des caractères qui les séparent des *Periaster* en général et du *Per. Arnaudi* en particulier.

Cet oursin est spécial, jusqu'à présent, dans le sud-ouest de la France, au bassin de l'Adour et même aux carrières de Lesperon, où il a été trouvé plusieurs fois par M. le Dr Blanchet et par moi, dans les couches moyennes de la formation, avec le *Periaster Arnaudi*. Ce sont ces oursins que M. Cotteau a eus en vue lorsqu'il a cité, dans le Compte-Rendu de la réunion extraordinaire de la Société géologique de France à Bayonne, en 1866 (Bull. Soc. géol., t. XXIII, p. 842), un *Periaster* de Lesperon, « voisin du *P. Raulini* Cott. »

En dehors de la France, le *Schizaster Bellardii* véritable est cité par MM. Agassiz, Desor, Sismonda et Michelotti, du miocène inférieur de Squaneto dans la Ligurie, et du miocène moyen de la colline de Turin.

M. Laube ne le cite pas du Vicentin.

Collections Blanchet, Cotteau et la mienne.

BRISSUS DILATATUS Desor.

Cotteau, Act. Soc. Linn. Bordeaux, pl. XII, fig. 11-14.

Je n'ai rien à ajouter à ce que dit M. Cotteau de cette espèce, si ce n'est qu'elle a été fourvoyée par d'Orbigny dans son 26e étage, Falunien *B*, no 2,622, évidemment par une erreur qui doit être corrigée : la localité qu'il indique, Rions (Gironde), étant précisément une localité du calcaire à astéries, et l'espèce ayant depuis lors été retrouvée dans plusieurs gisements incontestables de ce niveau, à Barade, commune de Doulezon (Gironde), (individu figuré par M. Cotteau), à Béguey par M. Delfortrie, à La Roque-de-Tau dans les couches supérieures par M. Guestier, à La Tresne par moi-même.

Le *Briss. dilatatus* a été cité, avec d'autres d'ailleurs, par M. Cailliaud, dans la liste qu'il a donnée des fossiles (*éocènes*) d'Arton, dans la Loire-Inférieure (Bull. Soc. géol., t. XIII, p. 40). Je ne sais quelle valeur il faut attribuer à cette indication.

L'analogue de cette espèce, avec lequel elle avait d'abord été confondue, vit dans les mers chaudes des Antilles (*Brissus columbaris*).

(1) Malheureusement, le caractère des ambulacres a été mal rendu dans la fig. 4 *a*, qui est peu satisfaisante. La fig. 4 *b* montre aussi, pour la face inférieure, des tubercules trop petits et trop serrés.

MACROPNEUSTES MENEGHINII Desor, Synops. p. 411.
(Laube, Echin. Vicent., p 32. Tab. VII, fig. 1 *a*, *b*.)

Belle espèce d'Echinoderme, la plus grosse du calcaire à astéries, que nous rapportons avec certitude au *M. Meneghinii* du Vicentin; en notant cependant que les figures de Laube représentent une forme plus large et surtout beaucoup plus haute (dans la figure de profil, 1 *b*) que celle des exemplaires, plus ou moins imparfaits d'ailleurs, que j'ai vus du sud-ouest de la France. Mais ceux que je possède du Vicentin sont eux-mêmes moins hauts et moins bombés que l'exemplaire figuré et qui est peut-être exceptionnel dans un type que je crois très-variable sous ce rapport.

Le *M. Meneghinii* est jusqu'à présent spécial au bassin de l'Adour, où je l'ai trouvé : 1° à Lesperon, avec le *Schizaster Bellardii* et le *Periaster Arnaudi*, dans les couches moyennes de la formation, c'est-à-dire dans les bancs à *grandes Lucines* qui sont supérieurs aux bancs à *Teredo* et aux couches charbonneuses à *Deshaycsia* et à *Natica crassatina*, et inférieures aux couches à *Cerithium trochleare;* elle a été citée de cette localité par M. Cotteau (Compte-rendu de la réunion de la Soc. géol. à Bayonne, 1866) ; 2° à Préchac, dans la carrière au bord de l'Adour, avec les mêmes grandes Lucines, etc. ; 3° non loin de là, au moulin de Pelette (commune de Louer) où l'espèce est abondante, à en juger par les fragments qu'on en trouve dans le calcaire.

Cette espèce est très-intéressante à cause du lien qu'elle établit, par sa position stratigraphique certaine, entre le calcaire à astéries et les couches nummulitiques supérieures du Vicentin, où elle forme comme le *Cyphosoma cribrum*?, d'après M. Suess, un horizon particulier dans ce grand groupe de Castel Gomberto dont j'ai signalé plusieurs fois les affinités paléontologiques avec notre calcaire à astéries du S.-O.

EUSPATANGUS JOUANNETI Cotteau.
(Act. Soc. Linn Bordeaux, t. 27, pl. XIII, fig. 15)

Syn. *Spatangus ornatus* Des Moul. *in* Dufrénoy.
— Grat., Cat. zool. Gironde, 899.
Eupatagus ornatus Raulin, Bull. Soc. géol., 2e sér., t. V, p. 123 (*Nota*).
— Raulin, Congr. scient. 1863, p. 328.
Id.? Cotteau *ibid.* Echin. Pyrén., p. 307.

Comme on le voit par la synonymie, c'est cette espèce qui avait été citée plusieurs fois du calcaire à astéries de Terre-Nègre, à Bordeaux, comme identique à l'*E. ornatus* de Biarritz, dont elle est en tout cas fort voisine. Nous nous en référons à M. Cotteau pour la description des caractères spécifiques qui doivent, suivant lui, la distinguer de l'espèce nummulitique, et nous devons dire d'ailleurs, pour bien préciser les faits, que la description de l'*E. Jouanneti* n'a pas été faite par M. Cotteau d'après les échantillons anciennement recueillis à Terre-Nègre par MM. Jouannet et Pedroni, mais d'après un individu de ma collection qui avait été trouvé par notre confrère, M. Gosselet, dans le calcaire à astéries de Quinsac, sur la rive droite de la Garonne, où j'ai depuis retrouvé moi-même d'autres fragments de l'espèce.

En dehors de la France, M. Laube cite l'*E. ornatus* de plusieurs localités et de plusieurs niveaux du Vicentin, et particulièrement des couches de Montecchio-Maggiore, qui renferment une partie des mollusques du calcaire à astéries. Je suis porté à croire que les *Euspatangus* de ce dernier gisement doivent être plutôt rapportés au type suivant.

EUSPATANGUS TOURNOUERI Cotteau.

(Act. Soc. Linn. Bordeaux, t. 27, pl. XIII, fig. 7-12.)

Les *Euspatangus* pour lesquels M. Cotteau a établi cette nouvelle espèce, ont été recueillis par moi, ainsi qu'il le dit, à La Roque-de-Tau, où M. Guestier a également retrouvé l'espèce, et dans le même banc où j'avais trouvé le *Cœlopleurus Delbosi* et le *Periaster Souverbici*. J'ajouterai, pour plus de précision, que ce banc à Échinides, où l'*Euspatangus* est commun, se trouve dans la partie inférieure de la formation, au-dessus d'un banc à Bryozoaires et osselets d'astéries, et immédiatement au-dessous d'un banc très-riche en Polypiers avec *Natica crassatina*. Dans cette carrière de La Roque-de-Tau, si intéressante à divers points de vue, c'est à la partie supérieure et dans les hautes couches autrefois exploitées que j'ai trouvé la *Scutella striatula* et que M. Guestier a recueilli le *Brissus dilatatus* et le *Periaster Arnaudi*.

Il est bien douteux pour moi qu'il faille rapporter à l'*E. Tournoueri* l'*Euspatangus* trouvé dans les coupes éocènes de Blaye par M. Guestier, auquel M. Cotteau fait allusion, et qui en diffère par sa plus grande taille comme par la moindre dimension de ses ambulacres, etc.

Au contraire, l'*E. Tournoueri* du calcaire à astéries se trouve certainement dans les couches synchroniques de Montecchio-Maggiore et de Castel-Gomberto, d'après les échantillons de la collection Cotteau, et je ne doute guère, comme je l'ai dit, que ce ne soit à cette nouvelle espèce qu'il faille rapporter les prétendus *E. ornatus* de cet horizon dans le Vicentin.

Le travail critique qui précède est résumé dans le tableau suivant :

NOMS DES ESPÈCES.	S-O. DE LA FRANCE		AUTRES LOCALITÉS.		
	BASSIN de la Gironde.	BASSIN de l'Adour.	ÉOCÈNE	OLIGOCÈNE	MIOCÈNE et Pliocène
Crenaster lævis Des Moul.	+	+	»	»	»
Psammechinus Biarritzensis Cott.	?	+	Biarritz (le Goulet.)	Montecchio-Maggiore.	»
Cœlopleurus Delbosi Des.	+	»	St-Palais.	Mossano ?	»
Cidaris attenuata Cott.	»	+	»	»	»
Echinocyamus piriformis Ag. . .	+	+	Paris	Mont-Magg.	»
Runa decemfissa Des Moul.	+	»	»	»	»
— *Comptoni* Ag.	+	»	»	»	Sicile.
Scutella striatula M. Serr. ?. . . .	+	»	»	Paris ??	Montpellier?
Amphiope Agassizi Des Moul. . .	+	»	»	»	»
Echinarachnius? porpita Des M.	+	»	»	»	»
Nucleolites Delfortriei Cott. . . .	+	»	»	»	»
Echinolampas Blainvillei Ag. . .	+	»	»	»	»
Hemiaster cor Ag.	+	»	»	»	»
Periaster Arnaudi Tourn.	+	+	»	Me Carlotto?	»
— *Burdigalensis* Tourn. .	+	»	»	»	»
— *Souverbiei* Cott	+	»	Blaye ?	»	»
? — *Banoni* Tourn.	+		»	»	»
Schizaster Bellardii Ag. ?.	»	+	»	Squancto.	Turin.
Brissus dilatatus Des	+	»	»	»	»
Macropneustes Meneghinii Des. .	»	+	»	Me Spiedo, MeViale, etc.	»
Euspatangus Jouanneti Cott. . . .	+	»	»	»	»
— *Tournoueri* Cott. . .	+	»	Blaye ? ?	Mont-Magg. Cast.-Gomb.	»
TOTAL : 22 espèces. . . .	18	7	5 ?	8 ?	5 ?

RÉSUMÉ

Tel est l'ensemble de la faune échinodermique que recèle jusqu'à présent l'étage tongrien du calcaire à astéries dans le sud-ouest de la France. Ce total de 22 espèces ne paraît pas en lui-même bien important; relativement néanmoins, pour un seul étage et pour une seule région, il ne laisse pas que d'être remarquable, et il est au moins égal à ce que fournit, par exemple, le calcaire grossier parisien dans sa région la plus riche en Échinides, celle du Vexin (V. Goubert, Bull. Soc. géol., t. XXII, p. 137, 1859). La composition générique de notre faune est aussi fort semblable à celle de ces derniers terrains; c'est à-peu-près la même proportion dans les groupes : Crinoïdes, Stellérides, Clypéastroïdes et Spatangoïdes. Notre faune présente aussi plusieurs types intéressants au point de vue zoologique : l'*Amphiope Agassizi*, qui mène à la suppression des *Lobophora* ; les *Runa*, dont les bords singulièrement découpés paraissaient à M. Agassiz un type précurseur des Scutelles entaillées ; les petites *Scutelles à anus supère*, qui semblent particulières à cet horizon. En elle-même aussi, cette faune présente d'ailleurs, comme on devait s'y attendre, par ses *Echinolampas*, *Amphiope*, *Nucleolites* et quelques-uns de ses types de *Periaster* et de *Brissus*, un caractère de faune des mers chaudes qui est parfaitement en accord avec celui des Polypiers et des Mollusques auxquels elle est associée; en même temps que son type caractéristique d'*Échinocyame* la rattache à nos mers tempérées actuelles.

Sous le rapport paléontologique, le tableau qui précède donne lieu à diverses considérations.

La distribution stratigraphique des espèces dans la masse de l'étage n'est pas facile à saisir : il m'a paru qu'elles se rencontraient en général indistinctement à différents niveaux. Les osselets d'*Astéries*, par exemple, et l'*Echynocyamus piriformis*, qui sont les deux espèces essentiellement caractéristiques de la formation, se rencontrent dès les premières couches du calcaire de Bourg, à la Roque-de-Tau, et à Bourg même, etc., et se poursuivent dans toute son épaisseur. Je renvoie cependant à ce que j'ai dit aux articles spéciaux sur le niveau précis auquel ont été trouvées jusqu'à présent certaines espèces : *Euspatangus Tournoueri* vers la base du dépôt, avec le *Cœlopleurus Delbosi* ; *Macropneustes*

Meneghinii, vers le milieu; *Scutella striatula*, en général vers la partie supérieure.

Il y a plutôt une distribution géographique et un cantonnement des espèces bien évident. Ainsi, ce qui ressort au premier coup-d'œil du tableau, c'est la quantité d'espèces qui n'ont été trouvées, jusqu'à présent, que dans le département de la Gironde (16 au moins), et le très-petit nombre de celles qui sont communes aux deux bassins si rapprochés de la Garonne et de l'Adour (2, certainement; 4, peut-être). C'est à la Gironde qu'appartiennent exclusivement les types curieux des *Cœlopleurus, Runa, Amphiope, Echinarachnius*?, etc.; là même, certaines espèces semblent localisées, par exemple, le *Periaster Souverbiei*, l'*Euspatangus Tournoueri*, etc., sur la rive droite de la Dordogne; l'*Amphiope Agassizi*, au contraire, à l'extrémité du département et sur le rivage méridional du golfe. Le beau et intéressant *Macropneustes Meneghinii* est, jusqu'à ce moment, spécial au bassin de l'Adour, et il en est de même du *Cidaris attenuata.*

En somme, sur 22 espèces qui forment le total de la faune, déduction faite de 3 espèces communes aux deux bassins, 19 se trouvent dans le bassin de la Garonne, contre 7 dans le bassin de l'Adour. Cette disproportion doit s'expliquer par quelques conditions biologiques particulières; car elle n'est pas en accord avec les données fournies pour les mêmes dépôts par les Mollusques ou par les Polypiers qui sont au moins aussi nombreux dans le bassin de l'Adour que dans celui de la Garonne, ni avec le nombre si considérable d'Echinodermes nummulitiques qui, à une époque antérieure, avait peuplé le bassin adourien. Quant au petit nombre d'espèces communes entre les deux bords du même golfe, c'est un fait qui existait déjà antérieurement et même dès l'époque secondaire d'après M. Raulin (Congr. scient. 1863), et qui rentre dans ce que nous venons de dire sur la localisation à très-petites distances de certaines espèces contemporaines.

La deuxième considération qui ressort du tableau ci-dessus est celle des rapports de notre faune avec les faunes des autres dépôts tertiaires, dépôts plus anciens, dépôts synchroniques, dépôts plus modernes.

Avec les terrains plus modernes, *miocène* ou *pliocène*, les rapports sont à-peu-près nuls : une espèce certaine de Bordeaux, très-douteuse à Montpellier (*Scut. striatula*); une espèce certaine de Turin, douteuse dans l'Aquitaine (*Schiz. Bellardii*). Entre le calcaire à astéries et les faluns de Bazas qui en sont le plus rapprochés, rien de commun. Notons cependant le *Runa Comptoni* comme un type remarquable commun à notre faune et à une faune beaucoup plus récente.

Il y a plus de rapports avec les terrains plus anciens ou *éocènes* : quatre espèces, d'après M. Cotteau, sont communes. Mais ces rapports ne tiennent pas tant à l'*identité contestable* qu'à l'incontestable *analogie* d'un certain nombre de formes, analogies qui ont rendu notre critique souvent pénible et incertaine, et à l'affinité dans la composition générique de la faune, comme nous l'avons dit. Il faut noter d'ailleurs qu'il n'y a pas une espèce commune entre le calcaire à astéries et les couches marines antérieures les plus rapprochées, je veux dire celles de Saint-Estèphe en Médoc, si riches en *Sismondia*, en *Echinanthus*, en *Echinolampas* particuliers qu'on ne retrouve pas ici : les rapports de notre faune s'établissent directement avec quelques types de l'éocène proprement dit ou du nummulitique de Paris, de Biarritz, de Saint-Palais, en passant par-dessus cette faune intermédiaire de Saint-Estèphe, comme s'il y avait eu migration (1)?

Il résulte de ces considérations que notre faune d'Echinodermes oligocène a un caractère propre et particulier, qui n'est ni celui de la faune éocène, ni celui de la faune miocène, et que c'est dans les couches synchroniques des autres bassins, c'est-à-dire dans l'*oligocène*, soit du Nord, soit du Midi de l'Europe, qu'il faut chercher ses rapports naturels.

Pour l'oligocène du Nord, le compte est bientôt fait; car ces dépôts sont aussi pauvres en Echinodermes qu'ils le sont en Polypiers ou en Rhizopodes. Dans le bassin de Paris, c'est à peine si l'on trouve une espèce de Scutelle à citer avec certitude. Dans le bassin de Mayence, deux ou trois espèces sont indiquées par M. Sandberger : un *Diadema Desori?* un *Spatangoïde* (Die Conchyl. de Mainz. tertiarbeck, pages 421, 430). Dans l'Allemagne du Nord, M. Beyrich (Arch. Karsten, Berlin, 1848, t. 22) cite trois espèces nouvelles des couches de Hermsdorf, Magdebourg, etc., une petite *Scutelle* et deux *Spatangus*, qui semblent particulières. On cite aussi, d'après des renseignements que je dois à M. de Kœnen, quelques-unes des espèces de l'horizon supérieur de

(1) Il est très-important de noter ici que, d'après les derniers travaux sur le Vicentin, une très-grande partie au moins des couches de Biarritz (et Saint-Palais probablement, par voie de conséquence) ne doivent pas être considérées comme appartenant à la base des terrains tertiaires, mais doivent être reportées beaucoup plus haut dans la série éocène.

Bünde et de Cassel, comme se retrouvant peut-être plus bas à Sollingen, et à Lattorf, par exemple, *Hemiaster acuminatus? Echinocyamus ovatus, Spatangus Hoffmanni?* etc. Je manque d'ailleurs de données très-précises à cet égard; je crois qu'il ne reste rien de commun entre notre oligocène du S.-O. et celui de l'Allemagne, quand on a discuté la synonymie de *Hemiaster acuminatus* et *Echinocyamus ovatus*. Cette pauvreté relative en Echinodermes qu'on remarque dans l'oligocène de l'Europe du Nord est un trait de plus à ajouter à tous ceux qui donnent une physionomie si tranchée à l'oligocène du Midi.

C'est en effet avec celui-ci, c'est-à-dire avec les couches du *miocène inférieur* ou *nummulitique supérieur* de l'Italie septentrionale, Vicentin et Ligurie, qui ont tant de ressemblance avec les couches oligocènes du sud-ouest de la France par leurs Mollusques, leurs Polypiers et leurs Rhizopodes, qu'il faut s'attendre à trouver quelques rapports aussi dans la classe des Échinodermes. Ces rapports ne sont pas très-nombreux cependant, et surtout ils ne sont pas encore très-assurés, et je n'ai pas trouvé, pour ce qui est du Vicentin particulièrement, tous les secours que j'espérais pour me fixer à cet égard, dans l'intéressante monographie de M. G. Laube sur les Échinides tertiaires de cette région. Je vois, en effet, que le groupement stratigraphique des localités adopté par M. Laube n'est pas en accord parfait avec la classification un peu plus récente de M. le professeur Suess (Acad. de Vienne, juillet 1868), et il en résulte pour moi des doutes sur la part qui a été faite par M. Laube, et que je crois trop petite, au groupe V de Castel-Gomberto. Cependant, je crois pouvoir affirmer qu'il y a déjà quelques espèces fort importantes qui sont communes à ce groupe et à notre calcaire à astéries, comme l'*Euspat. Tournoueri*, le *Macropneustes Meneghinii*, le *Psammechinus Biarritzensis*, l'*Echinocyamus piriformis*; très-probablement le *Periaster Arnaudi;* peut-être le *Cœlopleurus*, etc.; c'est la faune de Lesperon, près de Dax.

Quant au miocène inférieur des Apennins de la Ligurie, dans lequel M. Michelotti n'énumère pas moins de dix-sept espèces d'Échinodermes (Michel. 1861), il ne présenterait aucune espèce commune avec notre S.-O. Mais il faut dire, sans préjudice de ce qui a été dit sur la localisation des fossiles de cette classe, que ce miocène inférieur des Apennins me paraît, par les Échinodermes autant au moins que par les Mollusques, renfermer des couches d'un âge un peu plus récent que le calcaire à astéries : c'est du moins ce que je suis porté à penser, en voyant dans cette faune la prédominance marquée des *Clypeaster*, et parmi eux la présence du *Clyp. altus*, entr'autres, espèce si répandue dans le miocène (1).

En résumé, au point de vue paléontologique et de l'histoire de la succession des formes, et à l'aide des documents encore imparfaits qui sont à notre disposition, la faune des Echinodermes oligocènes peut déjà être appréciée dans ses traits principaux. Cette faune est bien ce qu'elle devait être, étant donnée sa place dans la série chronologique : une faune de transition entre l'éocène et le miocène, tenant plus de l'éocène, mais annonçant déjà le miocène par l'apparition ou par le développement de quelques types particuliers. Ce caractère peut être analysé rapidement ;

Les *Stellérides* n'ont pas beaucoup de signification : ils ne sont remarquables ici que par l'extrême abondance des *Crenaster* dans le calcaire à astéries de Bordeaux, qui rappelle et qui dépasse celle des débris du même genre dans certaines couches du calcaire grossier parisien ;

Les *Cidarides* nous offrent deux genres éocènes qui se continuent encore : les *Cœlopleurus* à Bordeaux (*C. Delbosi*) et les *Cyphosoma* dans le Vicentin (*Cyph. cribrum* ?) ;

Les *Spatangoïdes* ne sont remarquables que par le développement des *Periaster*, *Macropneustes* et *Euspatangus*, qui sont encore relativement assez riches.

Mais, ce sont les *Clypéastroïdes* qui offrent le plus d'intérêt par le développement d'abord des *Scutella* proprement dites, qui étaient bien plus rares, au moins en individus, dans la période éocène et qui pulluleront au contraire pendant le miocène dont elles seront caractéristiques ; et par l'apparition des *Scutelles à anus supère* et des *Scutelles lunulées*, type inconnu jusqu'alors et qui atteindra son plus grand développement dans les mers actuelles; par l'apparition aussi du type curieux et destiné à disparaître promptement des *Runa*. Enfin, c'est aussi dans la période oligocène, en Italie au moins, que finissent, si je ne me trompe, les *Echinanthus*, qui avaient eu un si riche développement pendant la période précédente.

Ainsi s'achemine vers l'état de choses actuel cette grande classe intéressante des Echinodermes, qui marche de front avec les autres classes qui l'accompagnent : quelques types s'épuisent, quelques-uns conti-

---

(1) Les Clypéastres paraissent d'ailleurs être apparus dans le Vicentin dès la fin de l'époque éocène. (V. Laube).

nuent, d'autres nouveaux apparaissent. Le conflit est tel que, dans le seul calcaire à astéries, par exemple, pour vingt-deux espèces, il n'y a pas moins de dix-sept genres. Et cette proportion énorme du genre par rapport à l'espèce ne tient pas seulement, selon moi, à la méthode des naturalistes; mais je crois qu'elle est en relation ici avec le fond des choses et qu'elle traduit bien le caractère d'une époque paléontologique qui est particulièrement une époque de lutte et de transition.

EXPLICATION DES PLANCHES.

PLANCHE XV.

Fig. 1, *a*, *b*, *c*. — ***Cœlopleurus Delbosi*** Desor, var. de Saint-Michel, près Libourne; calcaire à astéries. (Ma collection).

Fig. 2, *a*, *b*, *c*. — ***Echinocyamus piriformis*** Ag. type; des environs de Bordeaux, calcaire à astéries.

— *d*, *e*. — *Id.*, var. A, *id.*

— *f*, *g*, *h*. — *Id.*, var. B, *id.*

— *i*, *j*, — *Id.*, des environs de Paris, calcaire grossier, *éocène.*

Fig. 3. — ***Echinocyamus affinis*** Des Moulins, de Blaye; calcaire grossier, *éocène*; vu par dessous.

Fig. 4 — ***Runa decemfissa*** Des Moulins, grossi, de Terre-Nègre à Bordeaux; calc. à astéries. (Coll. Des Moulins).

a, vu par dessus; *b*, vu par dessous; *c*, grandeur naturelle.

Fig. 5. — ***Runa Comptoni*** Ag., grossi, de Terre-Nègre à Bordeaux; calcaire à astéries. (Coll. Des Moulins).

a, vu par dessus; *b*, vu par dessous; *c*, de grandeur naturelle.

Fig. 6. — ***Echinarachnius? porpita*** Des Moulins; *a*, *b*, *c*, *d*, du calcaire à astéries de Saint-Michel, près de Libourne; *e*, du calcaire à astéries de Langon (Gironde).

Fig. 7. — ***Hemiaster cor*** Desor, — (Museum de Paris, galeries de géologie).

PLANCHE XVI.

Fig. 1. — *a*, *b*, *c*, ***Echinolampas Blainvillei*** Ag. type; du calcaire à astéries des environs de Bordeaux (Coll. Des Moulins).

Fig. 2. — id. *var. alta*, calc. à astéries de Quinsac, près Bordeaux. (Ma coll.)

Fig. 3. — id. *var. depressa*, calcaire à astéries de Terre-Nègre, à Bordeaux. (Ma collection).

Fig. 4, *a*, *b*. — ***Schizaster Bellardii*** Ag.; du calcaire à astéries de Lesperon, près de Dax (Landes). (Coll. Cotteau).

Planche XVII.

Fig. 1, *a*, *b*. — ***Periaster Moulinsii*** Des. — Calcaire grossier *éocène* de Blaye. (Collection Des Moulins).

Nota. — Les ambulacres n'ont pas été bien rendus dans cette figure : ils sont moins longs, moins étroits ; l'intervalle entre les zones porifères est, pour ainsi dire, nul.

Fig. 2, *a*, *b*, *c*, *d*. — ***Periaster Arnaudi***, nov. sp. — Calcaire à astéries de Saint-Michel. (Ma collection).

Nota. — Les tubercules de la face inférieure sont plus gros et plus espacés dans la région péristomale que le dessin ne les a représentés.

Fig. 3, *a*, *b*. — ***Periaster burdigalensis***, nov. sp. — Calcaire à astéries de La Souys, près Bordeaux. (Ma collection).

Fig. 4, *a*, *b*. — ***Periaster Raulini*** Cott. — Calcaire nummulitique *éocène* de Hastingues (Landes). (Collection Raulin).

Fig. 5, *a*, *b*. — ***Periaster Cotteaui***, nov. sp., *id.* *id.* *id.*

BIBLIOTHÈQUE IMPÉRIALE
IMPR.

(*Extrait des* Actes *de la Société Linnéenne de Bordeaux, t. XXVII*, 1870)

BORDEAUX. — IMP. DE F. DEGRÉTEAU ET Cie.

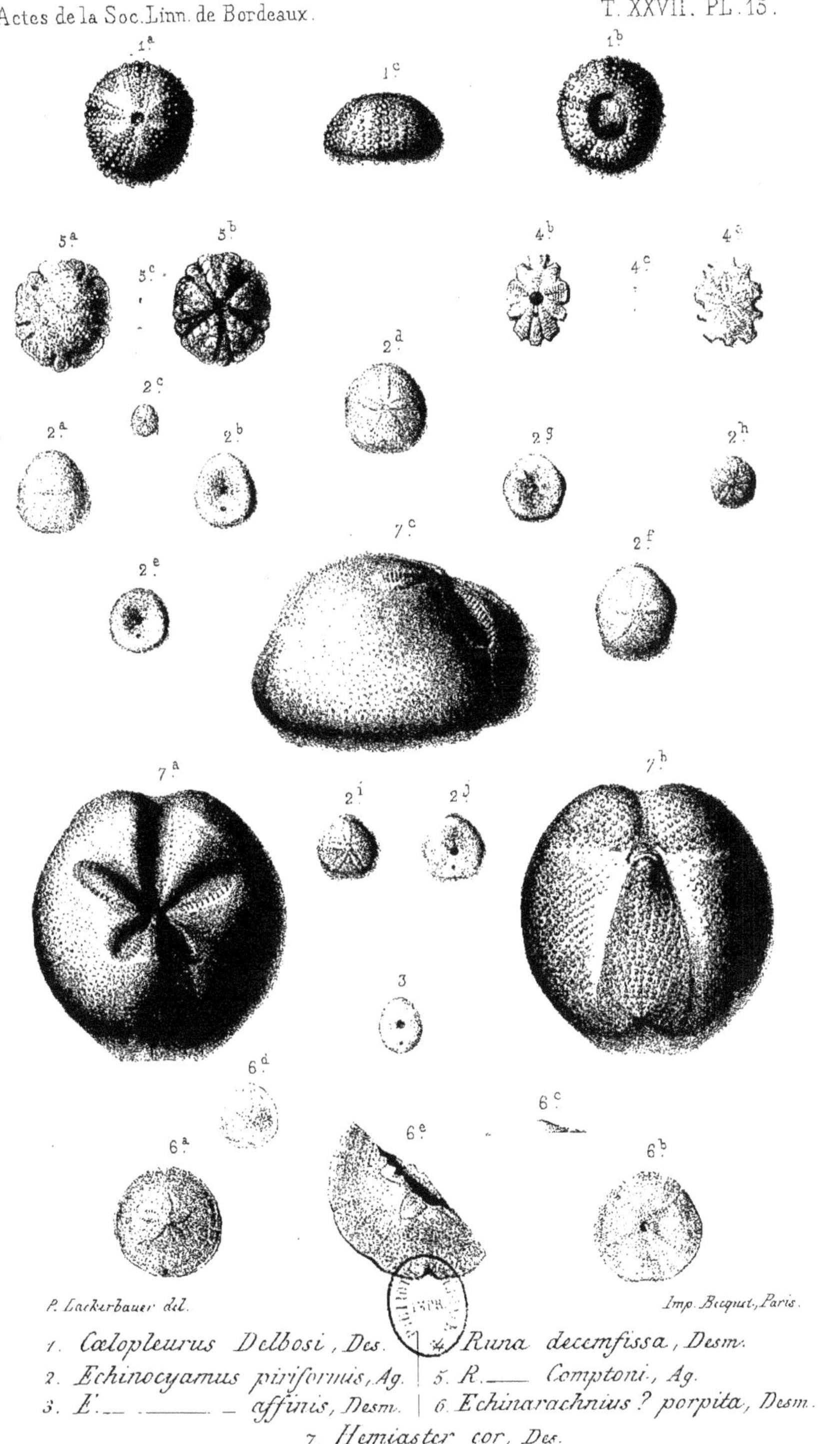

P. Lackerbauer del. Imp. Becquet, Paris.

1. *Cœlopleurus Delbosi*, Des.
2. *Echinocyamus piriformis*, Ag.
3. *E. —— affinis*, Desm.
4. *Runa decemfissa*, Desm.
5. *R. —— Comptoni*, Ag.
6. *Echinarachnius? porpita*, Desm.
7. *Hemiaster cor*, Des.

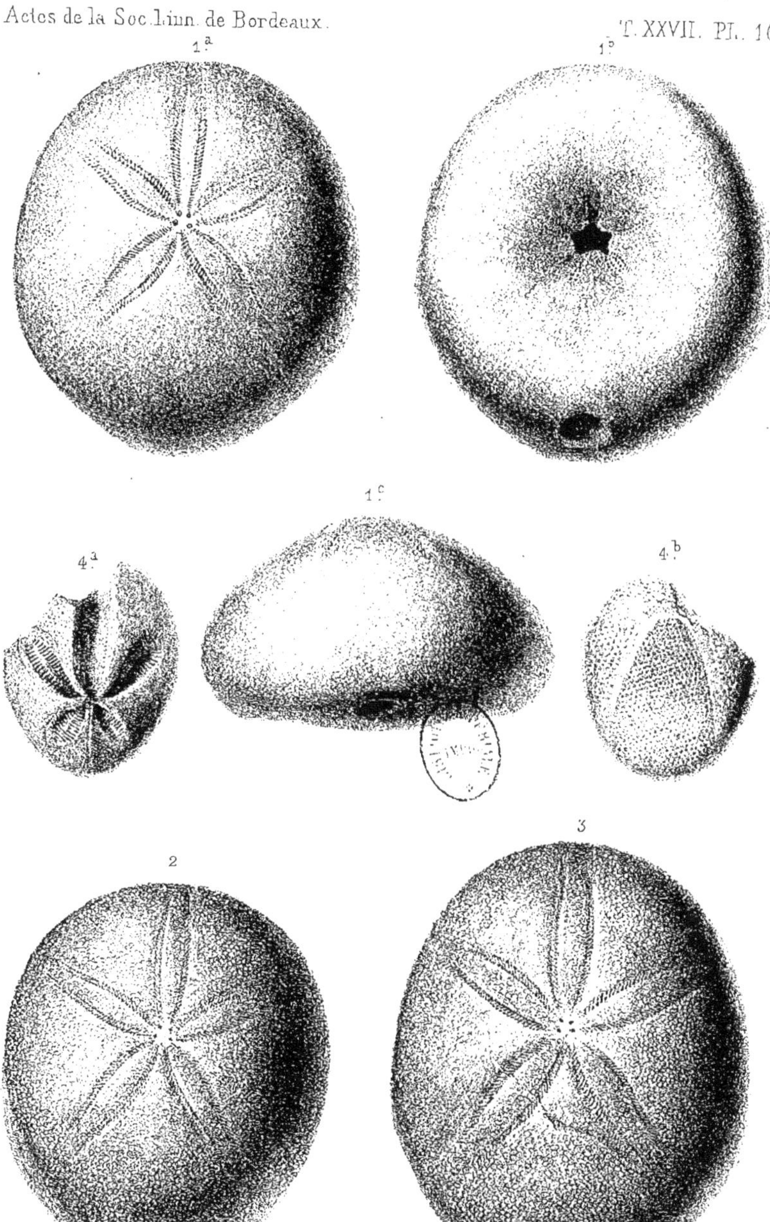

P. Lackerbauer del. Imp. Becquet, Paris.

1 _ 3. *Echinolampas Blainvillei*, Ag.
4. *Schizaster Bellardii* ? Ag.

BIBLIOTH. IMPÉRIALE

P. Lackerbauer del. Imp. Becquet, Paris.

1. *Periaster Moulinsi*, Des. | 3. *Periaster burdigalensis*, Tourn.
2. *P. ——— Arnaudi*, Tourn. | 4. *P. ——— Raulini*, Cott.
5. *Periaster Cotteaui*, Tourn.

www.ingramcontent.com/pod-product-compliance
Ingram Content Group UK Ltd.
Pitfield, Milton Keynes, MK11 3LW, UK
UKHW020354220726
13923UKWH00004B/1627